Gut vorbereitet ins Assessment-Center

✔ Sie können Ihren Lebenslauf vorwärts und rückwärts aufsagen.

✔ Sie informieren sich gut über das Unternehmen, bei
dem Sie sich vorstellen.

✔ Sie machen sich frühzeitig auf den Weg, damit Sie
nicht einen ersten negativen Eindruck als »Zuspät-
kommer« machen.

✔ Ihre Kleidung ist angemessen, und Sie sind gut,
aber nicht übertrieben gestylt.

✔ Sie denken daran, dass Ihre Körpersprache viel über
Sie verrät! Verhalten Sie sich also entsprechend und
vergessen Sie Ihr Lächeln nicht!

✔ Sie haben sich intensiv mit den möglichen Anforderungen, die an Sie gestellt werden können, ausein-
andergesetzt und wissen, worauf es ankommt.

Auf Ihr Assessment-Center werden Sie intensiv mit den
Kapiteln 1, 2, 3 und 4 vorbereitet.

W0195822

Keine Angst vor Übungsaufgaben

✔ Verfallen Sie nicht in Panik, auch wenn Sie eine Aufgabe nicht gleich verstehen. Schließlich haben Sie sich vorbereitet und wissen genau, dass sich jede Aufgabe scheibchenweise zerlegen und lösen lässt.

✔ Lesen Sie die Aufgaben genau und trauen Sie sich ruhig auch mal nachzufragen, wenn Ihnen etwas absolut unklar ist.

✔ Handeln Sie nach dem Motto: »Erst Gehirn einschalten, dann reden.« Überlegen Sie gut, was Sie sagen und wann Sie etwas sagen wollen. Formulieren Sie es so, dass andere Sie verstehen.

✔ Bleiben Sie konzentriert und lassen Sie sich nicht von anderen ablenken. Auch wenn es Ihnen phasenweise schwerfällt. Die Aufgabe, die Sie lösen müssen, ist jetzt erst mal das Wichtigste.

✔ Lassen Sie sich nicht provozieren. Sie sind nicht zum Streiten gekommen, sondern um Ihr diplomatisches Können unter Beweis zu stellen.

✔ Bleiben Sie authentisch! Nur dann können Sie überzeugen.

Welche Übungsaufgaben Sie erwarten können, erfahren Sie in den Kapiteln 5, 6, 7, 8, und 9.

Andrea Schimbeno

Assessment-Center für Dummies

Das Pocketbuch

WILEY-VCH Verlag GmbH & Co. KGaA

Bibliografische Information der Deutschen Nationalbibliothek

Die Deutsche Nationalbibliothek verzeichnet diese Publikation in der
Deutschen Nationalbibliografie; detaillierte bibliografische Daten sind im
Internet über http://dnb.d-nb.de abrufbar.

1. Auflage 2009

© 2009 WILEY-VCH Verlag GmbH & Co. KGaA, Weinheim

Mehr über das Assessment-Center erfahren Sie in »Erfolgreich bewerben für Dummies«.

Printed in Germany
Gedruckt auf säurefreiem Papier

Korrektur   Harriet Gehring, Köln
Satz   Conrad und Lieselotte Neumann, München
Druck und Bindung   AALEXX Buchproduktion GmbH, Großburgwedel

ISBN 978-3-527-70464-4

Inhaltsverzeichnis

Einführung

Noch ein Ratgeber für Assessment-Center? Zu dem Thema gibt es doch schon Lektüre in Hülle und Fülle. Richtig. Assessment-Center sind nun mal ein Dauerbrenner, immer wieder aktuell. Aber welches Buch nimmt Sie schon an der Hand und zeigt Ihnen Schritt für Schritt, was alles zum erfolgreichen Absolvieren eines Assessment-Centers gehört?

Über dieses Buch

Dieses Buch erklärt Ihnen, was sich hinter einem Assessment-Center verbirgt. Es ist kein wissenschaftlicher Ratgeber, der Sie mit Fachbegriffen zuschüttet und Ihnen »den einzig richtigen Weg zum erfolgreichen Assessment-Center« verspricht.

Assessment-Center für Dummies ist praxisorientiert und gibt Ihnen wertvolle Tipps und Orientierungshilfen. Manches werden Sie annehmen und umsetzen, anderes auch mal mit einem »Das kommt für mich nicht in Frage« ad acta legen.

Wie Sie während Ihres Assessment-Centers vorgehen wollen, ist am Ende Ihre ganz persönliche Entscheidung. Prima wäre es, wenn Sie mit Hilfe dieses Buches bei Ihren Assessment-Centern eine gewisse Experimentierfreude entwickeln, sich neue Strategien überlegen und ausprobieren. Assessment-Center müssen nicht immer nach Schema F ablaufen. Sie dürfen durchaus selbst kreativ werden.

Wie Sie dieses Buch verwenden

Assessment-Center für Dummies richtet sich an weibliche wie männliche Leser. Der Einfachheit halber habe ich mich für die männliche Version in diesem Buch entschieden. Ich spreche also durchweg von *dem Bewerber*.

Damit Sie dieses Buch auch als praktisches Nachschlagewerk nutzen können, möchte ich noch folgende Vereinbarungen mit Ihnen treffen:

✔ *Kursivdruck* benutze ich, um wichtige Aussagen hervorzuheben und Sie auf konkrete Begriffe aufmerksam zu machen, die anschließend erläutert werden.

✔ **Fett gedruckte Wörter** sind Signalwörter in gegliederten Aufzählungen.

Törichte Annahmen über den Leser

Assessment-Center für Dummies ist für ein breites Publikum geschrieben, von dem ich konkrete Vorstellungen habe. Deshalb gehe ich davon aus, dass einige der folgenden Aussagen auf Sie zutreffen:

✔ Sie beenden demnächst Ihre Ausbildung oder Ihr Studium, haben bereits jede Menge Bewerbungen verschickt, einige Vorstellungsgespräche geführt und müssen jetzt noch Assessment-Center durchlaufen, um Ihren Traumjob auch tatsächlich zu kriegen. Als Vorbereitung wollen Sie klare und einfache Hilfestellungen, wie Sie am besten vorgehen.

✔ Sie sind ein »Job-Hopper«, der alle drei bis fünf Jahre ein neues Betätigungsfeld anstrebt und sich immer wieder aufs Neue auf seine Assessment-Center vorbereiten muss. Sie brauchen ein gutes Nachschlagewerk, das auch in zehn Jahren noch die richtigen Tipps parat hat.

✔ Sie stehen schon eine ganze Weile mit beiden Beinen im Berufsleben, aber Ihr jetziger Job macht Ihnen null Spaß mehr. Sie wollen oder müssen sich sogar verändern, weil Ihre Firma aufgrund von Arbeitsplatzeinsparungen keinen Job mehr für Sie hat und wünschen sich einen leicht verständlichen Ratgeber, der Ihnen einfache Strategien zeigt, mit denen Sie sich schnell und unkompliziert auf Assessment-Center vorbereiten können.

Wie dieses Buch aufgebaut ist

Assessment-Center für Dummies besteht aus vier Teilen, die in einzelne Kapitel gegliedert sind. Die Kapitel sind in sich abgeschlossene Einheiten, sodass Sie sich nicht von Kapitel zu Kapitel arbeiten müssen, sondern selbst die Reihenfolge bestimmen, in der Sie die Kapitel lesen. Hier ein Überblick, was Sie in den einzelnen Teilen finden:

Teil I: So sieht ein Assessment-Center aus

In drei Kapiteln erfahren Sie, was ein Assessment-Center ist, wer dabei mitwirkt und wie die Beobachter arbeiten.

Teil II: Bereiten Sie sich optimal vor

Jetzt kommt Arbeit auf Sie zu! Drei Kapitel erklären Ihnen ausführlich, welche Einzelübungen Sie erwarten. Detailliert wird auf Ihre persönliche Präsentation eingegangen, Sie erfahren alles Wichtige über Postkorbübungen und lernen, wie Sie diese unkompliziert und sinnvoll strukturieren.

Teil III: Gemeinsam übt es sich leichter

Drei Kapitel zeigen Ihnen, was alles zu den Gruppenübungen gehört. Wie geschickt verhalten Sie sich in Rollenspielen oder in führerlosen Gruppendiskussionen? Kapitel 7 und 8 erklären es Ihnen. Und Kapitel 9 zeigt Ihnen, dass kein Problem unlösbar ist.

Teil IV: Der Top-Ten-Teil

Der letzte Teil meines Buches hält jede Menge nützliche Tipps für Sie bereit und sorgt dafür, dass Sie an so manchem Fettnäpfchen elegant vorbeigehen und im Assessment-Center auch Ihren Spaß haben!

Symbole, die in diesem Buch verwendet werden

Dieses Buch arbeitet mit drei *Symbolen* an den Seitenrändern, die Ihnen nützliche Hinweise geben:

Dieses Symbol präsentiert Ihnen Ideen und Tipps und erklärt Ihnen, wie Sie diese in der Praxis umsetzen können.

Wie die Optik schon zeigt, kommt hier eine Warnung: Vermeiden Sie diese Dinge unbedingt in Ihren Assessment-Centern.

Dieses Symbol signalisiert einen Gedanken, den Sie für Ihr Assessment-Center im Hinterkopf behalten sollten.

Teil I

So sieht ein Assessment-Center aus

In diesem Teil ...

erfahren Sie alles über Hintergründe und Grundlagen der Königsdisziplin unter den Auswahlverfahren. Sie lernen die Beteiligten kennen und bekommen einen Überblick über die unterschiedlichen Bewertungskriterien, die in einem Assessment-Center eine Rolle spielen. Worauf die Beobachter achten müssen, bleibt kein Geheimnis mehr für Sie.

Es ist soweit: Sie haben eine Einladung für ein Assessment-Center bekommen! Fangen Sie jetzt schrittweise mit Ihren Vorbereitungen an. Hier erfahren Sie, was ein Assessment-Center überhaupt ist und was Sie erwartet.

Es gibt unterschiedliche Assessment-Center ...

Ein Assessment-Center ist eine seminarähnliche Veranstaltung, bei der mehrere Beobachter die Bewerber in verschiedenen Testsituationen unter die Lupe nehmen.

 Die Beobachter haben einen festgelegten Kriterienkatalog vor sich, der ihnen sagt, welche Eigenschaften der Bewerber zeigen soll.

Sie notieren alles, was sie beobachten, zu jedem einzelnen Bewerber. So können die Beobachter am Ende aller Übungen gut beurteilen, ob der Kandidat sich für die Stelle eignet oder nicht. Einfach und unkompliziert. Finden Sie doch auch!

Assessment-Center werden aus verschiedenen Gründen durchgeführt. Es gibt:

✔ **Auswahlassessments:** Da müssen Sie durch, wenn Sie einen neuen Job suchen. Hier wird mit konkreten Übungen nach dem optimalen Kandidaten für eine offene Stelle gesucht.

✔ **Beförderungsassessments:** Sie werden auf Herz und Nieren geprüft, ob Sie sich für eine Führungsposition eignen. Logisch, dass hier vor allem perfektes Fachwissen und die Fähigkeit, andere zu führen, zu motivieren, und und und von Ihnen verlangt werden.

✔ **Beurteilungsassessments:** Hier geht es nicht gleich darum, dass Sie eine Führungsaufgabe übernehmen sollen; hier wird getestet, ob Sie der nächst höheren Funktion in Ihrem Job gewachsen sind.

Was gibt es sonst noch Wissenswertes?

Ebenso gut kann ein Assessment-Center über zwei oder mehr Tage gehen. Bei manchen Unternehmen sogar bis zu einer Woche. Je länger ein Assessment-Center dauert, desto besser lassen sich Ihre Stressresistenz und Ihr Gruppenverhalten feststellen. Schließlich müssen Sie sich permanent mit Ihren Mitbewerbern arrangieren. Ganz schön anstrengend!

Ihre Eigenschaften werden wie mit einem Röntgengerät durchleuchtet! Deshalb ist es ganz wichtig, dass Sie authentisch bleiben! Verstellen Sie sich nicht! Auf Dauer schaffen Sie das sowieso nicht, und außerdem wollen Sie doch wissen, ob der Job und das Unternehmen tatsächlich zu Ihnen passen und Sie so akzeptiert werden, wie Sie nun mal sind.

Der Zeitplan eines Ein-Tages-Assessment-Centers kann so aussehen:

8.00 Uhr	**Begrüßung und Vorstellung des Moderators und der Beobachter**
	Unternehmenspräsentation
	Kurzer Überblick über den Ablauf des heutigen Assessment-Centers
8.30 Uhr	Persönliche Vorstellung der Kandidaten im Rahmen einer Kurzpräsentation
9.30 Uhr	Postkorbübung
	Bearbeitungszeit 60 Minuten
10.30 Uhr	Ergebnispräsentation der Postkorbübung
11.00 Uhr	Gruppendiskussion
	Einteilung der Kandidaten in Gruppen
	Themenvergabe
	Vorbereitungszeit 10 Minuten
	Diskussionsdauer 20 Minuten
11.30 Uhr	Ergebnispräsentation der Gruppendiskussion
12.00 Uhr	Mittagspause
13.00 Uhr	Rollenspiele
	Rollenverteilung
	Vorbereitungszeit 5 Minuten
	Rollenspiel 25 Minuten
14.30 Uhr	Problemlösungsaufgabe
	Vorbereitungszeit 45 Minuten
	Präsentation 15 Minuten
15.30 Uhr	Kaffeepause
16.00 Uhr	Einzelinterviews mit den Kandidaten
17.30 Uhr	Feedbackgespräche
19.00 Uhr	Ende der Veranstaltung

Die Feedbackgespräche

Ein wesentliches Merkmal des Assessment-Centers sind die *Feedbackgespräche* mit den Kandidaten am Ende einer jeden Veranstaltung. Hier wird Ihnen gespiegelt, warum Sie die Beobachter überzeugt haben oder auch nicht. Nehmen Sie dieses Feedback an, aber denken Sie bitte daran, dass

✔ es eine Momentaufnahme des Tages ist,

✔ die Beobachter Ihnen ihre persönlichen Eindrücke mitteilen,

✔ Sie beim nächsten Assessment-Center völlig anders »wirken« können.

 Denken Sie über das Feedback in aller Ruhe nach. Gibt es Anregungen, die Sie annehmen und umsetzen möchten? Gut. Dann überlegen Sie, was Sie beim nächsten Mal anders machen werden. Haben Sie das Gefühl, das Feedback beschreibt einen Menschen, den Sie gar nicht kennen? Dann sollten Sie dieses Feedback auch bitte nicht allzu ernst nehmen.

War das Feedback klasse und Sie haben den Zuschlag für den Job bekommen? Spitze! Was wollen Sie mehr?!

Diese Auswahlvariablen zählen

Kennen Sie denn schon irgendwelche Auswahlkriterien. Nein? Sicher doch! Die Kriterien oder Auswahlvariablen sind nichts anderes als Ihre Eigenschaften!

Mal sehen, ob Sie mit folgenden Kriterien etwas anfangen können. Es sind die wichtigsten Auswahlvariablen, die sich wie ein roter Faden durchs Assessment-Center ziehen:

✔ **Praktische Intelligenz:** Die haben Sie! Sie sind in der Lage, Probleme mit Ihrem Wissen und Können zu lösen. Dabei nutzen Sie Ihre logischen Fähigkeiten, gehen analytisch vor, beleuchten das Problem von vielen Seiten, um die optimale Lösung zu finden.

✔ **Emotionale Stabilität:** Sie sind der Fels in der Brandung! Nichts und niemand wirft Sie aus der Bahn. Sie behalten den roten Faden, trotzen jedem Stress und bleiben trotz hoher Belastung souverän, freundlich, höflich – eben stabil!

✔ **Motivation:** Niemand ist motivierter als Sie! Sie sind gespannt auf alles, was kommt! Lösen mit Feuereifer alle Aufgaben und sind aktiver als bei jedem Sportwettkampf.

✔ **Physische Fähigkeiten:** Ihr handwerkliches Geschick ist gefragt: Mit Fingerspitzengefühl lösen Sie die kniffeligsten Aufgaben.

✔ **Sozialverhalten:** Das üben Sie permanent: bei jeder Gruppenübung, jedem Dialog! Sie sind teamfähig, rücksichtsvoll, haben gute Umgangsformen: Ihr Sozialverhalten ist perfekt!

✔ **Agitationsfähigkeit:** Klingt klasse, bezeichnet aber nichts anderes als »Begeisterungsfähigkeit«: Beweisen Sie, dass Sie andere in Ihren Bann ziehen und restlos für sich und Ihre Ideen begeistern können!

✔ **Führungsverhalten:** Das wurde Ihnen in die Wiege gelegt! Sie werden der Traumchef aller sein!

Das sind jetzt gerade mal ein halbes Dutzend Kriterien, und sie lassen sich definitiv in nahezu allen Übungen beobachten. Sie werden verfeinert, indem sie mit detaillierten Verhaltensbeschreibungen noch ergänzt werden. Nehmen Sie die »Agitationsfähigkeit« als Überschrift, darunter steht dann als Begriffsvertiefung:

✔ Er kann andere begeistern.

✔ Andere hören ihm gespannt und teilweise auch mit Ehrfurcht zu.

✔ Andere übernehmen seine Meinung als ihre eigene.

Mit solchen einzelnen Aussagen lässt sich richtig gut beurteilen, ob Sie Agitationsfähigkeit besitzen und sogar wie ausgeprägt diese ist.

 Mit einfachen Sätzen werden auch alle anderen Auswahlvariablen näher beschrieben. Was heißt das? Der oben erwähnte *Kriterienkatalog* ist entstanden. Und mit nichts anderem arbeiten die Beobachter, die Sie im Assessment-Center unter die Lupe nehmen. Ihre Eigenschaften und Fähigkeiten werden buchstäblich seziert.

Ihr Charakter zählt

Jedes Assessment-Center ist eine sogenannte charakterologische Komplexprüfung, weil jedes Assessment-Center mit komplexen Prüfungen beziehungsweise Übungen Ihre Charaktereigenschaften durchcheckt:

✔ **Ihre Lebenslaufanalyse:** Was passiert, wenn Ihr Lebenslauf bis ins kleinste Detail angeschaut wird? Ihre seelische und geistige Entwicklung wird überprüft. In welchem Umfeld sind Sie großgeworden, welchen Schulabschluss und Beruf haben Sie, haben Sie Karriere gemacht, was sind Ihre Hobbys, und so weiter.

✔ **Ihre Ausdrucksanalyse:** Sie zeigt, ob Ihre Rhetorik zu Ihrer Körpersprache passt, Ihre schriftliche Ausdrucksweise beides ergänzt. Mehr nicht.

✔ **Ihre Geistesanalyse:** Sie zeigt, dass Sie völlig normal sind: Ihre Denkstruktur, also wie Sie vorgehen, geht mit Ihren Denkmethoden, also wie und womit Sie Ihre Ideen umsetzen, Hand in Hand. Mehr wollen die Beobachter gar nicht sehen.

✔ **Ihre Handlungsanalyse:** Es wird beobachtet, ob und wie gut Sie in der Lage sind, spontan und trotzdem überlegt zu reagieren. So flexibel, wie Sie sich auf die unterschiedlichen Situationen einstellen, ist das eine Ihrer leichtesten Übungen.

✔ **Ihre Führungsprobe:** Dabei wird untersucht, wie gefestigt und stabil Ihre Gesamtpersönlichkeit ist. Zeigen Sie den anderen, dass Sie der geborene Chef sind.

✔ **Das Schlusskolloquium:** Hier überprüfen und besprechen die Beobachter, ob sie alle der gleichen Meinung sind, was Ihre Eigenschaften angeht. Was alle von Ihnen denken, erfahren Sie im Anschluss in einem Vieraugen-gespräch.

Sie werden also nicht mit einer Nullachtfünfzehn-Methode in irgendeine Schublade gesteckt. Im Gegenteil: Sie haben viele Chancen zu zeigen, was in Ihnen steckt! Nutzen Sie sie auch!

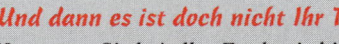

Und dann es ist doch nicht Ihr Tag?

Vergessen Sie bei aller Euphorie bitte nicht die Tatsache, dass ein Assessment-Center auch mal schieflaufen kann. Sie stehen morgens sprichwörtlich mit dem linken Bein auf und haben einfach einen schlechten Tag. Absolut nichts will Ihnen gelingen, schon gar nicht die vielen Aufgaben in Ihrem Assessment-Center.

Was soll's. Sie haben viele neue Übungen kennengelernt, Erfahrungen gesammelt und wissen jetzt einmal mehr, dass so ein Assessment-Center die Momentaufnahme Ihrer kör-perlichen und geistigen Verfassung eines Tages ist. Und wer hat schon immer nur gute Tage!

Die Rollenträger eines Assessment-Centers

> ### In diesem Kapitel
> ✔ Wer spielt alles eine Rolle?
>
> ✔ Beobachten leicht gemacht
>
> ✔ Bestechen Sie durch Ihre Eigenschaften

Jetzt erfahren Sie, wer Sie in einem Assessment-Center unter die Lupe nimmt und wie hier Schritt für Schritt analytisch vorgegangen wird. Lassen Sie sich überraschen, wie viele Eigenschaften Ihnen mit einem einzigen Blatt Papier attestiert werden.

Was macht einen guten Film aus? Ein genialer Regisseur, die richtigen Kameraleute und überzeugende Schauspieler. Mehr Akteure braucht auch ein Assessment-Center nicht. Genauso wie beim Film sind beim Assessment-Center die Rollen fest verteilt und damit natürlich auch die Aufgaben. Wie sieht diese Rollen- und Aufgabenverteilung nun aus?

Moderator

Ein Moderator muss sich bestens vorbereiten, sein Einsatz dauert von Anfang bis Ende eines Assessment-Centers. Sein Job ist nicht nur die Durchführung des Assessment-Centers, er bereitet es vor und zwar bis ins kleinste Detail:

✔ Er plant die Dauer des Assessment-Centers. Ist es eine Ein- oder Mehrtagesveranstaltung? Wann beginnt es, wann sind die Pausen, gibt es Mittagessen und wann ist es zu Ende? Welche Räumlichkeiten und Materialien werden benötigt?

✔ Er plant sämtliche Übungen, die alle Bewerber absolvieren müssen.

✔ Er legt fest, wie viele Beobachter gebraucht werden, welche Beobachtungskriterien und welcher Bewertungsmaßstab herangezogen werden. Er kontrolliert während des Assessment-Centers, dass keiner über die Stränge schlägt, und hat die Gesamtverantwortung, dass alles reibungslos verläuft.

Natürlich braucht der Moderator auch geschulte Helfer.

Beobachter

Kameraleute eben! Sie beobachten jede Ihrer Bewegungen, verfolgen alles, was Sie sagen, und halten ihre Eindrücke schriftlich fest. Sie wissen aber auch genau, was sie tun und worauf sie achten müssen, denn:

✔ Der Moderator hat jede einzelne Übung mit ihnen durchgesprochen.

✔ Er hat ihnen einen Kriterienkatalog an die Hand gegeben und detailliert beschrieben, worauf bei den einzelnen Aufgaben ganz genau zu achten ist.

Alles, was sie beobachten und festhalten, wird im Anschluss an die Übungen ausgewertet. So können alle nachvollziehen und beweisen, ob sich ein Bewerber für den Job eignet.

Beobachter sind erfahrene Mitarbeiter, Führungskräfte und Personaler. Sie haben ein feines Instrument, um alle Eigenschaften, die sie bei Ihnen erkennen wollen und können, übersichtlich festzuhalten: einen Beobachterbogen.

Muster-Beobachtungsbogen mit Kriterienanalyse

Hier lernen Sie einen »Muster-Beobachtungsbogen für die persönliche Vorstellung« exemplarisch kennen. Schauen Sie in Abbildung 2.1 doch mal genau hin, worauf die Beobachter so alles achten.

Eigentlich ein ganz einfaches Werkzeug, nicht wahr? Erst mal kommt die Überschrift »Beobachtungsbogen 1 – Einzelübung: persönliche Vorstellung«. Damit weiß jeder Beobachter, worum es geht: eine Einzelübung, das heißt Sie treten alleine in Aktion und sollen sich präsentieren. Hinter dem Namen des Beobachters ist ein einfacher Bewertungsschlüssel angegeben:

++   = sehr gut

+   = gut

o   = zufriedenstellend, in Ordnung

-      = noch ausreichend, aber nicht gerade prickelnd

--   = ungenügend oder gar nicht vorhanden

 Ein Bewertungsschlüssel ist sozusagen ein Notenschlüssel, mit dem Ihre Eigenschaften bewertet werden.

Beobachtungsbogen 1 – Einzelübung: persönliche Vorstellung

Beobachter: _____

Bewertungsschlüssel ++ + o - --

Beurteilungs- kriterien	Anmer- kungen	Anmer- kungen	Anmer- kungen	Anmer- kungen	Anmer- kungen
Name	Bewer- ber 1	Bewer- ber 2	Bewer- ber 3	Bewer- ber 4	Bewer- ber 5
Ausdrucksvermögen / Sprachverhalten:					
Ausdrucksvermögen und Aussprache					
Formulierung					
Redefluss					
Kommunikationsver- halten:					
Kontaktverhalten (Blickkontakt, Gestik / Mimik: offen, freund- lich, verbindlich)					
kann begeistern / weckt Aufmerk- samkeit					
Integration der Zuhörer					
Auftreten:					
Sicherheit					
Überzeugungskraft					
Körperhaltung und Gestik					
Konzentration					

Abbildung 2.1: Muster-Beobachtungsbogen für die persönliche
Vorstellung

Die Eigenschaften, die Sie nun bei Ihrer persönlichen Vorstellung deutlich zeigen sollen, stehen in der linken Spalte unter »Beurteilungskriterien«:

✔ Ausdrucksvermögen/Sprachvermögen

✔ Kommunikationsverhalten

✔ Auftreten

Damit die Beobachter wissen, worauf sie konkret achten müssen, sind die einzelnen Eigenschaften nochmals näher charakterisiert.

Ausdrucksvermögen/Sprachvermögen

Ausdrucksvermögen und Aussprache

✔ Sprechen Sie Hochdeutsch oder im Dialekt.

✔ Sind Sie gut zu verstehen oder nuscheln Sie.

Formulierung

✔ Wie ist Ihre Wortwahl? Benutzen Sie nur einfache Wörter oder auch Fremdwörter oder gar Fachbegriffe (Letzteres zum Beispiel, wenn es um die Beschreibung Ihres Berufes geht)?

✔ Formulieren Sie so, dass jeder versteht, was Sie da gerade erzählen, oder reden Sie Kauderwelsch?

✔ Behalten Sie den roten Faden oder springen Sie wie ein aufgescheuchtes Huhn durch Ihren Lebenslauf?

Redefluss

✔ Sprechen Sie am Stück oder stottern Sie immer wieder?

✔ Sprechen Sie flüssig, in einem angemessenen Tempo oder extrem langsam oder ganz, ganz schnell?

✔ Machen Sie Sprechpausen, etwa um einen Spannungsbogen aufzubauen?

Hinter diesen drei kleinen Wörtern steckt tatsächlich eine solche Aussagekraft! Mal sehen, was so alles unter »Kommunikationsverhalten« zu verstehen ist.

Kommunikationsverhalten

Kontaktverhalten (Blickkontakt, Gestik/Mimik: offen, freundlich, verbindlich)

✔ Hier ist die eigentliche Definition schon in der Klammer gegeben, so präsentiert sich der Bewerber, was sein Kontaktverhalten angeht, optimal.

Kann begeistern/erweckt Aufmerksamkeit

✔ Erzählt/Schildert er seinen Lebenslauf so, dass der Beobachter gespannt seine Geschichte verfolgt oder sind die Ausführungen langweilig?

✔ Setzt der Bewerber Pointen und verstehen die Beobachter die Pointen? Sind die witzig oder eher ironisch?

Integration der Zuhörer

✔ Spricht der Bewerber permanent in der Ichform oder bezieht er die Zuhörer mit ein? Verwendet er zum Beispiel Äußerungen wie:

- Das kennen Sie sicher auch.

- Wem von uns ist das nicht auch schon passiert.

- Wie Sie sich sicher vorstellen können ...

 Integrieren heißt natürlich nicht »nur« ansprechen, vergessen Sie auf keinen Fall den Blickkontakt! ... Auch wenn der hier unter *Kontaktverhalten* steht.

Kommunikation ist also ganz schön vielseitig. Sie wissen ja, es gibt die *verbale* und *nonverbale Kommunikation*. Die verbale haben Sie gerade intensiv kennengelernt, die nonverbale wurde mit dem *Kontaktverhalten* schon ein bisschen näher beleuchtet. Was noch dazu gehört? Ihr Auftreten. Mehr nonverbale Kommunikation geht nicht! Sehen Sie selbst.

Auftreten

Sicherheit

✔ Stehen Sie frei vor der ganzen Mannschaft oder lehnen Sie sich irgendwo an?

✔ Halten Sie sich womöglich noch an einem Tisch oder Ähnlichem fest? Dann sind Sie alles andere als sicher.

 Bloß nicht zur Statue werden

Bleiben Sie standhaft! In Ihrer Aussage, Ihrer Meinung. Aber bleiben Sie nicht an einem einzigen Fleckchen mit Ihrem Körper stehen. Sie bekommen Bewegung in Ihre Story, wenn auch Sie sich ein wenig hin und her bewegen! Probieren Sie es aus!

Überzeugungskraft

✔ Sprechen Sie mit lauter, aber nicht brüllender Stimme?

✔ Hat man das Gefühl, Ihre Stimme schwankt immer wieder und Sie sind unsicher beim dem, was Sie da gerade sagen?

✔ Sprechen Sie womöglich extrem leise, so richtig schüchtern? Dann wirken Sie auch so!

Körperhaltung und Gestik

✔ Verschränken Sie die Arme auf der Brust oder hinter dem Rücken? Verschwinden Ihre Hände in irgendwelchen Taschen?

✔ Ist Ihre Körperhaltung offen, den Beobachtern zugewandt? Oder zeigen Sie sich lieber von der Seite und bieten distanziert Ihre Schulter an?

✔ Wie ist Ihre Mimik? Blickkontakt, Lächeln, Augenzwinkern und und und.

Konzentration

✔ Verlieren Sie permanent Ihren roten Faden?

✔ Suchen Sie nach den passenden Worten und geraten häufig ins Stocken oder reden Sie wie am Fließband, ohne den roten Faden zu verlieren?

✔ Ist Ihre Aussprache klar und deutlich mit angemessenem Tempo?

Das hätten Sie nicht für möglich gehalten, oder? Drei Beurteilungskriterien, die im Detail eine Menge über Sie und Ihre Eigenschaften verraten.

 Mit einem Beobachtungsbogen können nun verschiedene Bewerber beurteilt werden. So hat jeder Beobachter auf einen Blick den Top-Vergleich, wie unterschiedlich sich die Bewerber präsentiert haben.

> ### Sind so Ihre Kernqualifikationen tatsächlich erkennbar?
>
> Je genauer und detaillierter ein Beobachtungsbogen ist, desto mehr kann der Beobachter am Ende über Sie aussagen. Natürlich nur, wenn Sie sich auch auf die Übungen einlassen. Wenn Sie nichts zeigen, kann er auch nichts erkennen. Also zeigen Sie, was Sie alles drauf haben! Ihre Leistungen werden wahrgenommen, schriftlich festgehalten und entsprechend bewertet. Gute Vorbereitung lohnt sich!

Kandidaten

Das ist Ihre Rolle. Sie sind der Schauspieler, der auf Herz und Nieren geprüft wird, ob er seine Rolle richtig gut einstudiert hat. Aber schauspielern Sie nicht zu sehr!

 Bleiben Sie lieber authentisch, denn Sie wollen schließlich selbst wissen, ob der Job auch der richtige für Sie ist.

Kandidaten sind also die Bewerber. Alle mit dem gleichen Ziel: den angebotenen Job zu kriegen. Sie sind alle Konkurrenten, jeder wird sein Bestes geben. Beweisen Sie, dass Sie besser sind als die anderen! Wie? Bereiten Sie sich in aller Ruhe und intensiv auf Ihr Assessment-Center vor.

Wirklich keine vergebene Liebesmühe!

Eines ist sicher: Je mehr Sie üben, je intensiver Sie sich mit jeder einzelnen Übung befassen, desto mehr geht sie Ihnen in Fleisch und Blut über.

Und das Fazit? Sie können professionell vorbereitet in Ihr tatsächliches Assessment-Center gehen und sich ganz entspannt auf sämtliche Aufgaben konzentrieren! Ihre Aufregung können Sie guten Gewissens zu Hause lassen. Sie wissen, was Sie erwartet, und viel mehr Neues kann nicht dazukommen. Es kann höchstens ein wenig anders sein. Das war's dann aber auch. Ist das nicht ein tolles Gefühl!

Wie heißt es so schön: »Wo die Sonne scheint, da gibt's auch Schatten.« Alle Übungen in einem Assessment-Center sind Verhaltensprüfungen. Das bedeutet, dass die Übungen so konzipiert sein müssen, dass die gewünschten Verhaltensweisen auch tatsächlich beobachtet werden können. Die einzelnen Übungen müssen also in sich schlüssig sein. Die Ergebnisse, die aus den Beobachtungen gewonnen werden, müssen vergleichbar sein. Das geht nur, wenn

✔ die Aufgaben in einem Assessment-Center einheitlich sind,

✔ die Beobachter die Aufgaben gleichermaßen verstanden haben,

✔ ihre Beobachtungen schriftlich festgehalten werden.

Nicht jeder ist neutral

Nun hat jeder Bewerber eine Unmenge an Eigenschaften, und die Beobachter wollen so viele Eigenschaften wie nur möglich kennenlernen! Falsch! Sie wollen ganz konkrete Eigenschaften kennenlernen, nämlich die, die für den angebotenen Job wichtig sind! Alle anderen interessieren sie nicht.

Mit einer einzigen Übung können aber nicht alle für einen Job erforderlichen Eigenschaften getestet werden. Deshalb sind viele Übungen notwendig. Bei der einen können gezielt wenige Eigenschaften beobachtet werden, bei anderen Übungen kommt es zu Überschneidungen, weil viel mehr Eigenschaften getestet werden. Genau deshalb brauchen die Beobachter ihre Beobachtungsbögen, die nichts anderes als die bereits viel zitierten *Kriterienkataloge* sind.

 Im Beobachtungsbogen stehen zu jeder Übung die Eigenschaften, die auf alle Fälle erkannt werden müssen. Das hilft ungemein! Am Ende einer jeden Übung kann so genau gesagt werden, ob der Kandidat die gewünschten Eigenschaften gezeigt hat und in welchem Umfang. Die richtige Beurteilung der Eigenschaften ist damit leichter und treffender.

Das bedeutet aber auch, dass die einzelnen Übungen nicht allzu sehr in die Tiefe gehen können. Warum? Ganz einfach. Weil die Übungen so gestrickt sein müssen, dass sie von allen Beobachtern verstanden werden und von allen Kandidaten absolviert werden können, ohne dass lange Erklärungen notwendig sind.

 Da in den meisten Fällen weder Beobachter noch Kandidaten ein Psychologie-Studium absolviert haben, können die Übungen psychologisch nicht allzu tiefgreifend sein.

Gut für Sie! Denn das heißt, dass alle Assessment-Center -Übungen machbar sind! Das Bestehen eines Assessment-Centers ist also kein Hexenwerk! Halt, Stopp, noch nicht üben! Lesen Sie erst das Kapitel zu Ende! Sonst entgeht Ihnen etwas …

Der ideale Beobachter

Wo Menschen sind, da menschelt es. Jeder ist ein Individuum mit ganz speziellen Vorlieben. Eine Vorliebe für etwas zu haben, heißt, dass Sie es mögen. Schließlich sind das auch nur Menschen! Schon richtig, aber die dürfen keine Vorlieben haben!

✔ Beobachter müssen neutral sein, jeden Bewerber beziehungsweise Kandidaten gleich behandeln und völlig objektiv seine Verhaltensweisen bewerten.

✔ Subjektivität ist verboten!

✔ Beobachter sind wie ein Schiedsrichter beim Fußballspiel: unparteiisch und neutral.

Aber das ist gar nicht so einfach! Schließlich geht es beim Assessment-Center nicht darum, einen Ball ins gegnerische Tor zu bekommen, sondern um Menschen und deren Charaktereigenschaften. Glauben Sie wirklich, jeder Beobachter hat sich vollkommen im Griff?

Mal ehrlich, Sie kennen das doch selbst: Da kommt einer zur Tür herein, läuft an Ihnen vorbei, Sie sehen ihn an, holen tief Luft und können ihn sprichwörtlich nicht mal riechen! So richtig erklären können Sie nicht, warum Sie ausgerechnet den nicht mögen. Irgendetwas hat er an sich … etwas, das Sie abstößt. Dieser Typ kann tun und lassen, was er will, er wird Ihnen niemals wirklich sympathisch werden. Merken Sie, wie schwer es ein Beobachter hat. Der darf nämlich solche Antipathien erst gar nicht entstehen lassen. Wie das geht? Mit den entsprechenden Schulungen. Wollen Sie wissen, was die Beobachter alles zu unterdrücken lernen? Eine ganze Menge …

Halo-Effekt

Good old America lässt grüßen! Da kommt dieser Begriff nämlich her. Übersetzt heißt Halo-Effekt nichts anderes als »Heiligenschein«-Wirkung.

Es kommt eine Kandidatin in den Raum, groß, schlank mit langen blonden gelockten Haaren – wie ein Engel! Nur der Heiligenschein fehlt noch … Ach, da kommt ein Brillenträger, tolle Brille, sehr modernes Gestell, steht dem richtig gut, der sieht ja so was von intellektuell aus – der ist sicher super intelligent! Die nächste Kandidatin sieht aus, als käme sie direkt aus einem Modeschmuck-Laden! Du liebe Zeit, ist die mit Glanz und Glitter ausstaffiert – na ja, ob die viel Grips hat, ist doch wohl eher fraglich.

Merken Sie, was hier los ist? Genau: Allein wegen ihres Erscheinungsbilds wird ein erstes Urteil über die Kandidaten gefällt! Wie peinlich! Von Äußerlichkeiten darf man sich doch nicht so verleiten lassen! Keine Sorge, Ihren Beobachtern passiert das nicht! Die wissen ganz genau, worauf sie zu achten haben. Schließlich haben die ja ihren Kriterienkatalog.

> ### Unterschätzen Sie nie den ersten Eindruck
> Vergessen Sie bitte nicht, dass Ihr erster Eindruck natürlich trotzdem eine große Bedeutung hat und es deshalb wichtig ist, dass Sie gepflegt erscheinen.

Implizierte Persönlichkeitstheorie

Das klingt ganz schön kompliziert, nicht wahr? Dabei ist diese Wahrnehmungsverzerrung gar nicht mal so weit von dem Halo-Effekt entfernt.

Kennen Sie Menschen, die einen Raum betreten und sofort die Aufmerksamkeit auf sich lenken, weil sie ihr ganzes Temperament versprühen? Das sind doch alles unglaublich kreative Menschen, nicht? Wer so temperamentvoll ist, steht permanent unter Strom und muss doch ständig irgendetwas Neues konzipieren. Das ist ja wohl sonnenklar! Das krasse Gegenteil sind dann die Typen, die so gar nicht auffallen. Vollkommen Introvertierte. Das können ja nur Langweiler sein. Wie sollen die was auf die Beine stellen? Geht doch gar nicht.

 Wie, Sie haben schon erkannt, was hier läuft? Richtig: Es wird von einem beobachteten Persönlichkeitsmerkmal auf ein unbeobachtetes Persönlichkeitsmerkmal geschlossen. Temperamentvoll = kreativ, introvertiert = Langweiler. Ganz schön gemein, so zu denken.

Wer sagt denn, dass der Temperamentvolle nicht der totale Chaot ist, der so gar nichts geregelt kriegt, und der Introvertierte der Überlegende, der in Ruhe eine Strategie entwickelt und geniale Ideen hat? Also Finger weg von solchen Theorien!

Voreingenommenheit

Die kennt ja wohl jeder! Hier werden anhand der Nationalitäten die entsprechenden Vorurteile gebildet: Die Deutschen sind fleißig, denn sie leben, um zu arbeiten. Die Franzosen sind faul, denn sie arbeiten nur das Nötigste, um zu leben, dafür sind sie fantastische Liebhaber. Aber die besten Liebhaber sind feurige Italiener und und und.

Keine Sorge, Ihre Beobachter sind genauso wenig voreingenommen wie Sie!

Übertragung/Projektion

Hier wird es ein kleines bisschen komplizierter. Wie war das denn während Ihrer Schulzeit, da hatten Sie doch bestimmt einen Lehrer, den Sie so gar nicht ausstehen konnten? Einen, der im Winter vielleicht immer Rollkragenpullis getragen und permanent genäselt hat? Jetzt kommt plötzlich einer die Tür rein, der hat einen Rollkragenpulli an, näselt ein »Guten Morgen« und bewegt sich auch noch so stocksteif wie Ihr ehemaliger Lehrer. Oh je, der ist Ihnen doch von der ersten Sekunde an genauso unsympathisch wie Ihr Ex-Lehrer!

Was passiert hier? Es ist das »Der erinnert mich an …«-Syndrom, dem Sie hier erliegen.

 Vollkommen unbewusst projizieren Sie das Verhalten und Auftreten eines Ihnen völlig Fremden mit einer Ihnen bekannten Person aus der Vergangenheit. Je nachdem welche Erfahrungen Sie mit der Person in Ihrer Vergangenheit gemacht haben, ist Ihnen der »Newcomer« weniger oder mehr sympathisch.

So etwas kann ganz schön heikel werden. Also muss das »Ach, der erinnert mich an …«-Syndrom umfunktioniert werden zu einem »Ach, der erinnert mich zwar an … – mal sehen, ob er tatsächlich genauso ist …«-Syndrom. Für sämtliche Beobachter während eines Assessment-Centers eine ihrer leichtesten Übungen.

Es ist eine echte Kunst, seine persönlichen Empfindungen so unter Kontrolle zu haben, dass von Halo-Effekt bis zur Projektion keine Wahrnehmungsverzerrung entsteht. Ihre Beobachter verdienen eine Menge Respekt. Und jetzt ist es endlich soweit: Sie dürfen anfangen zu üben!

Teil II

So bereiten Sie sich optimal vor

»Ich bin zu einem Assessment-Center in einer Kanzlei
eingeladen und möchte einen guten Eindruck machen.«

In diesem Teil ...

Jetzt dürfen Sie üben, üben, üben. Erst mal allein. Sie lernen die verschiedenen Einzelübungen kennen, die Sie in einem Assessment-Center erwarten können. Stürmen Sie aber bitte nicht von einer Aufgabe in die nächste. Nach jeder Übung machen Sie erst mal eine Pause. Warum? Ganz einfach: Damit Sie das, was Sie gerade gemacht haben, auch ordentlich verdauen! Schließlich müssen Sie am Ende einer jeden Übung für sich entscheiden, ob Sie tatsächlich richtig gut waren. Oder gibt's Dinge, die Sie beim nächsten Mal anders machen würden? Besser machen können? Dann üben Sie gleich noch mal! So lange, bis Sie rundum zufrieden sind.

Ihre ganz persönliche Vorstellung

In diesem Kapitel

✔ Ohne Ihren Lebenslauf geht gar nichts

✔ Machen Sie sich interessant …

✔ … und lassen Sie sich nicht aus dem Konzept bringen

Jetzt müssen Sie sich präsentieren und zwar richtig gut! Setzen Sie sich in Szene! Selbstbewusst und aktiv.

So sieht die Übungsaufgabe auf dem Papier aus:

Übung: Die persönliche Vorstellung	
Zeitvorgabe	3-5 Minuten pro Teilnehmer
Hilfsmittel	keine
Themenbeschreibung	Angaben zur Person, schulischer und beruflicher Werdegang, Freizeitgestaltung, Zukunftserwartungen

Tabelle 4.1: Aufgabenstellung für die persönliche Vorstellung

Ganz schön einfach gemacht, nicht wahr? Und dabei steckt da so viel dahinter!

Der rote Faden – Ihr Lebenslauf

Dieser rote Faden begleitet Sie in der Tat während Ihres gesamten Assessment-Centers. Für Ihre schriftliche Bewerbung haben Sie Ihren Lebenslauf verfasst. Also müssen Sie nochmals einen konzentrierten Blick in diese schriftlichen Bewerbungsunterlagen werfen und prüfen, was genau in Ihrem Lebenslauf steht, den Sie an das Unternehmen geschickt haben. Überlegen Sie gut, wie Sie vorgehen wollen.

 Fangen Sie bei Ihrer Ausbildung an und machen Sie Ihrem potenziellen neuen Arbeitgeber klar, dass Ihr kompletter beruflicher Werdegang doch nur auf diesen einen Job, nämlich den angebotenen, ausgerichtet war und ist. Sie müssen Ihren Lebenslauf im Schlaf runterspulen können.

Setzen Sie die richtigen Schwerpunkte

Natürlich wird Ihre Vorstellung nicht bei jeder Firma gleich ausfallen, denn im Idealfall stellen Sie Ihren bisherigen Werdegang so vor, dass sich Ihre Bewerbung bei der Firma ganz logisch daraus ergibt.

Wissen Sie, was das Unternehmen von Ihnen erwartet? Natürlich. Schließlich haben Sie sich auf eine Stellenanzeige beworben, in der unter *Anforderungen an den Bewerber* genau steht, was von Ihnen als künftiger Mitarbeiter verlangt wird. Und wenn Sie aufgrund Ihrer Blindbewerbung zum Assessment-Center eingeladen sind, werfen Sie nochmals einen Blick auf die Internetseite des Unternehmens: Unter *Unsere Mitarbeiter* finden Sie ebenfalls viele Informationen, welche Eigenschaften Mitarbeiter in diesem Unternehmen haben sollten. Checken Sie noch einmal:

✔ Für welchen Job bewerben Sie sich? Welche Ihrer bisherigen Tätigkeiten passen genau dazu? Welche ergänzen diesen Job? Das sind genau die, über die Sie bei Ihrer persönlichen Vorstellung reden.

✔ Welche markanten Eigenschaften brauchen Sie für den Job? Was steht dazu in der Stellenanzeige? Greifen Sie drei bis maximal vier Qualifikationsmerkmale heraus und erläutern Sie kurz und bündig, dass Sie diese Qualifikationsmerkmale haben und wie Sie sie umsetzen.

Ihr Traumjob verlangt ein Organisationstalent, und das ist eine Ihrer größten Stärken? Dann können Sie doch sagen: »Wenn sich Arbeitsberge auf meinem Schreibtisch türmen, dann fühle ich mich so richtig wohl! Ich finde es spannend, und es macht mir richtig Spaß, die Arbeit einzuteilen, Prioritäten zu setzen und dann zu bearbeiten.

Wenn neue Themen zusätzlich auf meinen Tisch flattern, bringt mich das überhaupt nicht aus der Ruhe, ich kann gut beurteilen, ob das neue Thema dann oberste Priorität bekommt oder entsprechend geschoben werden kann.« Alle Achtung! Jetzt haben Sie sich aber ins Zeug gelegt: Neben Ihrem Organisationstalent haben Sie auch gleich mal Ihre Belastbarkeit zum Ausdruck gebracht! Klasse, Sie haben verstanden worum es geht!

Antworten schriftlich festhalten

Also machen Sie sich Ihre Gedanken und formulieren Sie zum Üben mal schriftlich, was Sie sagen möchten, um mit den gewünschten Eigenschaften zu bestechen. Wenn Ihnen Ihre Formulierung gefällt und vor allem Sie überzeugt, kommen Sie authentisch rüber. Und nur so überzeugen Sie die anderen von Ihren Eigenschaften.

✔ Was ist mit Ihren Hobbys? Passen die zu dem Job? Wenn ja, können Sie hier ein bisschen ausführlicher werden. Wird für den Job eine extrem gute Konzentrationsfähigkeit gefordert und Sie spielen zum Beispiel Schach, können Sie durchaus locker formulieren: »Was mein Hobby angeht, so ist das eine gute Ergänzung für meinen Beruf. Ich bin leidenschaftlicher Schachspieler, und deshalb bin ich es gewohnt, extrem lange hoch konzentriert zu sein.« Klingt richtig gut!

 Wenn Ihr Hobby keine Ergänzung zum Job darstellt, was machen Sie dann? Richtig, Sie sagen, dass Ihr Hobby Ihr Ausgleich zum Beruf ist. Einen Ausgleich zum Job braucht schließlich jeder!

✔ Welcher Schwerpunkt fehlt noch? Ganz klar: Ihre Zukunftserwartungen. Was wollen Sie in den nächsten paar Jahren erreicht haben, wie steht's mit Ihrer Karriere.

Erklären Sie, dass Sie sehen wollen, wie Sie sich in den nächsten drei Jahren entwickeln, vor allem auch, wie sich das Unternehmen entwickelt! Klasse wäre eine Führungsposition! Ob in dem Bereich, für den Sie jetzt eingestellt werden, oder in einem anderen, wird man abwarten müssen.

Vielleicht möchten Sie auf Ihrem jetzigen Gebiet in drei Jahren ein echter Fachmann sein? Spezialwissen haben und als Spezialist gefragt sein? Denken Sie nicht immer nur an vertikale Aufstiegsmöglichkeiten, die horizontalen haben ebenso ihren Reiz!

Viel mehr Schwerpunkte werden Sie bei Ihrer persönlichen Vorstellung kaum an den Mann und die Frau bringen können. Warum? Ganz einfach, diese Übung startet mit dem Druckmittel schlechthin: der Zeitvorgabe! In aller Regel bekommen Sie für Ihre persönliche Vorstellung drei bis fünf Minuten Zeit.

Bewahren Sie innerlich und äußerlich Haltung

Ist Ihr Lebenslauf auf dem Papier schon etliche Seiten lang, wird es mit den paar Minuten schon eng. Da heißt es in der Tat: Prioritäten setzen! Wie das geht, haben Sie gerade gelernt! Orientieren Sie sich an der Firma, was diese will und was für sie interessant ist! Und bewahren Sie die Ruhe.

Reden Sie mit normaler Sprechgeschwindigkeit, laut und deutlich, damit Sie jeder verstehen kann. Ihre Stimme muss nicht monoton in ein- und derselben Tonlage dahindämmern – setzten Sie auch hier Prioritäten: Erheben Sie die Stimme, wenn Sie etwas besonders betonen wollen, und lassen Sie den Klang im Anschluss wieder auf Ihre sonstige Tonebene sinken.

Spielen Sie nicht Hans Guck-in-die-Luft

Versuchen Sie wieder alle im Raum Anwesenden anzusprechen: Blicken Sie von einem zum anderen und ja nicht in den luftleeren Raum, aus dem Fenster oder an die Decke! Die anderen wollen wissen, wer Sie sind – der Decke und dem Fenster sind Sie völlig egal.

Sie präsentieren sich im Stehen, aufrecht und gerade. Wie lautet dann das Motto? Bauch rein, Brust raus!

Und was machen Sie mit Ihren Händen?

✔ Die Hände nicht in irgendwelche Hosen- oder Jacken-
taschen packen

✔ Die Arme nicht vor Ihrer Brust verschränken

✔ Die Hände sprechen lassen, Fingerspitzen zusammen-
führen, Handflächen mit der Innenseite zu den Anwesenden öffnen

✔ Im Zweifel einen Stift mitnehmen, der Ihre Hände solange
beschäftigt

 Lehnen Sie sich bloß nicht an irgendetwas an oder
halten sich womöglich an Tischkanten fest! Das ist
alles andere als cool. Es wirkt, als bräuchten Sie jetzt
den absoluten Halt, als wären Sie unsicher und ver-
krampft! Das sind Sie nicht!

Bleiben Sie während Ihrer Vorstellung an einem Fleck stehen,
wirken Sie unbeweglich und steif. Macht also auch keinen so
guten Eindruck. Rennen Sie von rechts nach links, vorwärts
und rückwärts, verbreiten Sie Hektik und wirken gestresst.
Und wer will schon so ein Stresslein einstellen? Keiner.

Sie können sich gerne an Ihrem Präsentationsplatz ein wenig bewegen, mal einen Schritt zu Seite, mal nach vorne und
wieder an den Ausgangspunkt zurück. Immer mit der entsprechenden Ruhe. So wirken Sie souverän und überlegt. Genau
das wollen die Beobachter sehen.

Und denken Sie daran: Wenn Sie fertig sind, gehen Sie mit ru-
higen Schritten zu Ihrem Platz. Lächeln Sie ein wenig, und Sie
haben gewonnen! Ihre äußerliche Haltung ist jetzt perfekt!

Postkorbübung

In diesem Kapitel

✔ Lernen Sie, planvoll vorzugehen

✔ Warum Ruhe bewahren das A und O ist

✔ Sie finden die passende Lösung

Damit Sie an dieser Stelle richtig in Schwung kommen und Ihre erste Erfahrung machen, was bei der Postkorbübung auf Sie zukommt, werden Sie jetzt tatsächlich gleich mit Papier überflutet – wie im wahren Leben, wenn Sie nach drei Wochen Urlaub an Ihren Arbeitsplatz zurückkommen. Nutzen Sie diese Übung mit ihren Beispielen jetzt gleich als richtige Übungsaufgabe! Nur keine Hemmungen, probieren Sie es!

Eine Menge Papier!

Das Übungsblatt sagt Ihnen, dass Sie 20 Minuten Zeit haben, um sich zu organisieren, und dann allen anderen, also dem Moderator, den Beobachtern und Ihren Mitbewerbern erklären müssen, was Sie wann, wie und warum tun.

Das erste Handout macht Ihnen klar, in welcher Situation Sie sich gerade befinden. Im Übungsbeispiel kommen Sie frisch aus Ihrem Urlaub und wollen gleich am nächsten Tag eine Dienstreise antreten. Vorher haben Sie noch das bisschen Papier auf Ihrem Schreibtisch zu beseitigen.

Postkorbübung	
Zeitvorgabe	20 Minuten Bearbeitungszeit, anschließend 10 Minuten Lösungspräsentation
Hilfsmittel	Stift und Aufgabenblätter
Themenbeschreibung	Sie sind Personalreferent/in Hartmann. Die letzte Woche hatten Sie Urlaub. Es ist Montagmorgen, und Ihr Schreibtisch liegt voller Post. Private Post haben Sie außerdem auch noch mitgebracht. Sie wollen jetzt alles bearbeiten, sodass Sie bis zur Mittagspause einen Überblick hinsichtlich der anstehenden Aktivitäten haben.

Tabelle 5.1: Aufgabenstellung für die Postkorbübung

Ausgangssituation

Heute ist Montag. Morgen, Dienstag, den 2. Juni, reisen Sie am späten Nachmittag nach Barcelona, wo Sie nächste Woche bei einem Tochterunternehmen in einem wichtigen Projekt mitarbeiten werden.

Bearbeiten Sie alle Unterlagen. Entscheiden Sie, was Sie wann und wie machen. Denken Sie auch daran, die nötige Zeit einzuplanen, um alles zu erledigen. Notieren Sie Ihre Entscheidungen auf dem jeweiligen Vorgang. Bedenken Sie, dass alles in der regulären Arbeitszeit von 8.00 bis 17.00 Uhr erledigt wird. Beachten Sie, dass Sie in Ihrem Job auch noch Routinearbeiten zu erledigen haben, für die Sie am Tag gute drei Stunden einplanen müssen.

Sie haben 20 Minuten Zeit, Ihre Entscheidungen zu treffen und Ihren Arbeitsplan zu erstellen. Im Anschluss präsentieren Sie Ihre Ausarbeitung in maximal zehn Minuten.

Dokument 1

Gesprächsnotiz

Anruf des Projektgruppenleiters »Familienbetreuung für Mitarbeiterinnen und Mitarbeiter«: Er möchte Ihnen gerne den Ergebnisbericht präsentieren und die weitere Vorgehensweise besprechen. Terminvorschlag:

Montag, 1. Juni, 13.00–15.00 Uhr.

Bitte um kurze Info, ob der Termin machbar ist.

Gruß Müller

Dokument 2

E-Mail

Sehr geehrte/r Frau/Herr Hartmann,

ich habe gehört, dass im Unternehmensbereich 2 von Herrn Müller die Einführung von Familienbetreuung vorbereitet wird. Ich bin sehr interessiert, von Ihnen frühzeitig in das Konzept und die Planungen involviert zu werden, da die Thematik auch in meinem Bereich derzeit aktuell diskutiert wird.

Wann haben Sie Zeit für einen Informationsaustausch?

Beste Grüße

Ulrich Meyer, Unternehmensbereich 8

Dokument 3

Catering Wohl bekomm's

Frau/Herrn Hartmann,

wunschgemäß bestätigen wir Ihnen die Lieferung von Fingerfood für 30 Personen für den 2. Juni, um 17.00 Uhr an Ihr Gästekasino.

Freundliche Grüße
Ihr Catering-Team

Dokument 4

Infozirkel

Liebe Mitarbeiterinnen und Mitarbeiter,

der Infozirkel findet am Montag, 1. Juni, von 9.30 Uhr bis 12.00 Uhr im großen Sitzungssaal statt.

Agenda: aktueller Bericht der Geschäftsleitung
            Projektthemen
            Konzeption Familienbetreuung – Stand und Umsetzung
            Sonstiges

Beste Grüße
Becker, Geschäftsleitung

Dokument 5

E-Mail vom 1. Juni 7.30 Uhr

Liebe/r Frau/Herr Hartmann,

schön, dass Sie wieder da sind. Sie hatten hoffentlich einen erholsamen und erlebnisreichen Urlaub.

Ich erwarte Sie heute um 13.00 Uhr in meinem Büro mit aktuellen Informationen zur Umsetzung unsers Projektes Familienbetreuung.

Und bringen Sie auch gleich Ihre Präsentation für den Personalleiter-Kongress im August mit.

Beste Grüße
Ihr Chef

Dokument 6

Persönlicher Brief

Betrifft Ihre Chiffre-Anzeige »Haushaltshilfe gesucht«

Sehr geehrte/r Frau/Herr Hartmann,

unsere Agentur vermittelt professionelle Haushaltshilfen. Überzeugen Sie sich selbst, rufen Sie uns zwecks einer Terminvereinbarung kurzfristig an.

Freundliche Grüße
Ihre Vermittlungsagentur

Dokument 7

Einladung

Liebe Kolleginnen und Kollegen,

wir freuen uns, die 40-jährige Betriebszugehörigkeit unseres Kollegen Otto Berner gemeinsam mit Ihnen zu feiern. Hierzu laden wir Sie zu einem gemütlichen Beisammensein am Montag, 1. Juni um 17.00 Uhr in unser Gästekasino ein. Für Ihr leibliches Wohl ist bestens gesorgt.

Mit freundlichen Grüßen
Anne Wolter, Sekretariat Hartmann

Dokument 8

Brief vom 26. Mai

Betrifft Personalleiter-Kongress

Sehr geehrte/r Frau/Herr Hartmann,

besten Dank für Ihre Zusage, im Rahmen unseres Personalleiter-Kongresses am 13. und 14. August zu referieren. Wir haben Ihren Vortrag am 14. August von 8.30 Uhr bis 12.00 Uhr eingeplant. Bitte lassen Sie uns frühzeitig wissen, inwiefern Sie technische Unterstützung von unserer Seite benötigen.

Wir wären Ihnen verbunden, wenn Sie uns kurzfristig eine Zusammenfassung Ihres Vortrages zusenden könnten, damit wir Ihre Ausarbeitungen entsprechend in unsere Teilnehmerunterlagen integrieren können. Besten Dank.

Mit freundlichen Grüßen
Kongressteamleitung

Dokument 9

Schreiben des Personalrats

Persönlich
Frau/Herrn Hartmann

Sehr geehrte/r Frau/Herr Hartmann,

wir haben erfahren, dass in Ihrem Unternehmensbereich das Projekt Familienbetreuung umgesetzt werden soll. Wir weisen Sie darauf hin, dass uns bislang keine Informationen geschweige denn die erforderlichen Anträge vorliegen. Sollten Sie Ihrer Informationspflicht nicht kurzfristig nachkommen, werden wir uns entsprechende rechtliche Schritte vorbehalten.

Friedrich
Personalratsleiter

Dokument 10

Telefonnotiz

Anruf Ihrer Freundin Conny

Hallo, ich muss kurzfristig ins Krankenhaus, meine Mutter ist gestürzt und wird gerade notoperiert. Ich hab keine Ahnung, was nun abgeht und wann ich nach Hause komme. Vergiss nicht, zur Bank zu gehen, sonst musst Du morgen ohne Geld nach Spanien fliegen. Bis später, Conny

Dokument 11

Zeitungsausschnitt vom 27. Mai

Todesanzeige Ihres ehemaligen Chefs, zu dem Sie ein extrem gutes und enges Verhältnis hatten. Seine Beerdigung ist am Montag, 1. Juni, 13.00 Uhr auf dem Hauptfriedhof.

Dokument 12

Anruf am Freitag, 29. Mai

Otto Berner ist krank und wird voraussichtlich erst wieder übernächste Woche kommen können.

Wolter
Sekretärin

Das sind 12 Papierchen, die Sie jetzt verarzten müssen. Keine Panik, das geht doch ganz einfach!

... und wie Sie damit umgehen

Haben Sie die einzelnen Dokumente richtig gelesen? Also nicht einfach nur so überflogen, um möglichst schnell mit dem Sortieren anzufangen, sondern intensiv gelesen, sodass Sie verstanden haben und wissen, was da auf jedem Papierchen steht? Konzentriertes Lesen ist hier das Nonplusultra! Sie müssen aufnehmen, was auf jedem einzelnen Dokument steht. Dann erkennen Sie ganz leicht, dass viele Dokumente in Zusammenhang miteinander stehen. Und jetzt können Sie so richtig loslegen:

Lernen Sie strukturieren

Bevor Sie irgendwelche Entscheidungen treffen, müssen Sie erst mal wissen, was wohin gehört oder besser gesagt, was zusammengehört. Eine Struktur muss her!

 Machen Sie als erstes »Häufchen«: Legen Sie immer die Dokumente auf ein Häufchen, die Ihrer Meinung nach zusammengehören.

Haben Sie die einzelnen Vorgänge *aktiv* gelesen? Aktives Lesen bedeutet, dass Sie einen Text lesen und einen Stift in Ihrer Hand halten, mit dem Sie alles, was Ihnen interessant und wichtig erscheint, markieren. Dazu brauchen Sie nicht mal farbige Textmarker, ein Kuli oder gar Bleistift tut's genauso. Sie können Aussagen unterstreichen, Striche, Kreuzchen, Kringel oder Pfeile machen. Lassen Sie Ihrer Fantasie freien Lauf.

Sie müssen nur wissen, mit welchen Zeichen Sie die Aussagen markieren, die miteinander zusammenhängen. Sie können gerne auch gleich auf den Dokumenten notieren, was Sie damit machen wollen, also zum Beispiel:

✔ Delegieren, selbst erledigen oder ab in die Wiedervorlage

✔ P1 = hohe Priorität/eilig, P2 = mittlere Priorität/kann noch ein wenig warten, P3 = geringe Priorität/hat Zeit

Wie finden Sie nun heraus, was womit zusammenhängt? Überlegen Sie:

✔ Was sagen Ihnen Handout und Situationsbeschreibung? Es ist Montag früh. 1. Juni. Ihre Regelarbeitszeit dauert von 8.00 bis 17.00 Uhr. Es ist also kurz nach 8.00 Uhr, und Sie fangen an, sich durch den Papierberg zu kämpfen.

Was gehört nun alles zu diesem Montag? Dokument 1 mit einem Terminvorschlag, Dokument 4, Infozirkel, Dokument 5, Chef-Mail, Dokument 7, Einladung, Dokument 11, Zeitungsausschnitt.

Damit haben Sie Ihr erstes »Häufchen« und eine Menge Arbeit für den Montag auf dem Tisch. Schieben Sie jetzt ja nicht alles andere zur Seite! Sie sind am Strukturieren! Also weiter geht's:

✔ Was gehört zu morgen, Dienstag, 2. Juni? Die Info, dass Sie eine Geschäftsreise nach Barcelona antreten, ohne dass Ihnen eine Zeitvorgabe gesetzt ist. Das bedeutet, Sie wissen nicht, zu welcher Uhrzeit Sie losmüssen. Das heißt aber auch, dass Sie in dieser Übung frei entscheiden können, zu welcher Zeit Sie Ihre Dienstreise antreten, zumal Sie erst nächste Woche dort ein Projekt begleiten sollen. Außerdem dazu gehört Dokument 3, Catering Wohl bekomm's. Das war's. Das zweite »Häufchen« liegt vor Ihnen.

Was ist mit den anderen Infos? Nehmen Sie nochmals jedes Einzelne in die Hand. Können Sie noch weitere »Häufchen« machen? Na klar! Ordnen Sie jetzt die Unterlagen nach den Themen:

✔ Was gehört alles zu Ihrem ersten »Häufchen« für den heutigen Montag? Zu Dokument 1, Dokument 4, Dokument 5, Dokument 7 und Dokument 11 kommen noch folgende dazu:

  • Tägliche Routinearbeit mit drei Stunden

  • Dokument 2, Terminanfrage wegen Infoaustausch

- Dokument 9, Schreiben des Personalrates

- Dokument 10, Telefonnotiz von Freundin

- Dokument 12, Anrufzettel mit Info, dass Otto Berner diese Woche krank ist

Ihr »Häufchen« ist ganz schön gewachsen!

✔ Nehmen Sie sich das Dienstags-»Häufchen« noch mal vor. Können Sie hier eines der offenen Dokumente zuordnen? Zumindest die tägliche Routinearbeit mit drei Stunden gehört hier auch dazu. Mehr erst mal nicht.

✔ Dokument 6 und Dokument 8 legen Sie jedes für sich. Aber nicht aus den Augen verlieren!

Kein Papierchaos mehr!

Ein großes Arbeits-»Häufchen« für heute, ein kleineres für morgen und zwei separate Mini-»Häufchen«. Kein Papierchaos mehr! Der erste Schritt ist gemacht: Sie haben das Chaos strukturiert. Jetzt geht's ans Eingemachte! Welches Papierchen ist nun wichtig und was kann warten? Sie sind gefordert!

Setzen Sie Prioritäten

Was steht jetzt heute am Montag alles bereits mit genauen Terminen auf Ihrem Programm:

✔ Dokument 1, Termin wg. Familienbetreuung 13.00–15.00 Uhr

✔ Dokument 4, Infozirkel 9.30–12.00 Uhr

✔ Dokument 5, Cheftermin um 13.00 Uhr

✔ Dokument 7, Jubiläumsfeier für Otto Berner ab 17.00 Uhr

✔ Dokument 11, Beerdigung Ihres Ex-Chefs um 13.00 Uhr

Oh je! Offensichtlich haben Sie zeitlich ein heftiges Problem, es sei denn Sie klonen sich ab 13.00 Uhr! Was machen Sie denn nun? Logisch: Prioritäten setzen!

✔ Dokument 4 geht in Ordnung, den Termin ab 9.30 Uhr können Sie problemlos wahrnehmen, bis dahin ist auch noch etwas Zeit.

✔ Dokument 1, Terminvorschlag wegen Familienbetreuung: Rufen Sie Ihren Kollegen Müller an und bitten Sie um eine Terminverschiebung. Wie wäre es von 14.30 bis 16.30 Uhr?

✔ Dokument 5: Ihr Chef will Sie doch genau wegen des Themas Familienbetreuung sprechen. Rufen Sie ihn nach Ihrem Telefonat mit dem Kollegen Müller sofort an. Der Chef hat schließlich immer oberste Priorität. Teilen Sie ihm mit, dass Sie sich von 14.30 bis 16.30 Uhr mit dem Kollegen Müller austauschen und ihn im Anschluss gerne um 16.40 Uhr brandaktuell informieren. Bei Ihrem 16.40-Uhr-Termin sagen Sie ihm dann auch, dass Sie ihm Ihre Präsentation für den Personalleiter-Kongress im August nach Ihrem Spanien-Aufenthalt vorlegen, da der Kongress schließlich erst in eineinhalb Monaten ist und Sie die Präsentation noch nicht finalisiert haben.

Damit können Sie um 13.00 Uhr zur Beerdigung Ihres Ex-Chefs. Dokument 11 wird also auch erledigt.

✔ Was ist mit Dokument 7, der Jubiläumsfeier? Liegt da nicht noch ein anderes Papierchen in Ihrem »Häufchen«? Na klar! Dokument 12! Otto Berner ist krank! Das heißt, die Jubiläumsfeier muss abgesagt werden! Wäre doch peinlich, ohne den Ehrengast zu feiern. Irgendetwas war da doch noch? Richtig: Dokument 3, Catering Wohl bekomm's! Dokument 3 gehört gar nicht zu morgen! Das ist die Catering-Bestellung für heute, für die Jubiläumsfeier. Wie gut, dass die heute nicht kommt! Aber morgen brauchen Sie sie auch nicht, die muss umgehend abgesagt werden! Müssen Sie das unbedingt selbst machen? Wie wäre es, wenn Sie sich auf diese Dokumente als Gedankenstütze schon mal »Delegieren« notieren? Eine gute Idee!

Ihre Termine für heute haben Sie doch schon im Griff! Was liegt noch alles im »Häufchen«?

✔ Dokument 2, Terminanfrage wegen Infoaustausch von Ulrich Meyer: Das ist erst sinnvoll, wenn Sie up to date sind, was das Thema Familienbetreuung angeht. Also Meyer anrufen und mit ihm einen Termin vereinbaren, wenn Sie wieder aus Spanien zurücksind. Hier brennt nichts an.

✔ Dokument 9, der verärgerte Personalrat: Den rufen Sie am besten gleich an, teilen ihm mit, dass Sie heute Nachmittag diverse Gespräche wegen des Themas Familienbetreuung haben, und bieten Sie ihm an, sich morgen, Dienstag, 2. Juni, um 8.30 Uhr zu einem Informationsaustausch mit ihm zu treffen, schließlich fliegen Sie erst am späten Nachmittag nach Spanien. So, jetzt ist auch der erstmal zufrieden.

✔ Dokument 10 sagt Ihnen, dass Sie selbst zur Bank müssen, wenn Sie nicht ohne Bargeld nach Spanien reisen wollen. Wie gut, dass es Geldautomaten gibt! Damit sind Sie zeitlich unabhängig. Sie können Ihr Geld also in aller Ruhe nach Feierabend abheben gehen.

Alle Achtung! Sie lernen schnell!

Prioritäten setzen, bedeutet also:

✔ Termine checken – wann steht welcher Termin an, wie lange dauert er, muss er eventuell verschoben werden, wer ist alles von terminlichen Veränderungen betroffen und muss informiert werden, was müssen Sie alles für den Termin vorbereiten, welche Unterlagen brauchen Sie für den jeweiligen Termin.

✔ Haben Vorgesetzte ein Anliegen? Ihr Chef hat immer oberste Priorität. In der Hierarchie kommen im Anschluss Betriebs- oder Personalrat, Mitarbeiter und Kunden.

✔ Beschwerden arbeiten Sie am besten auch immer sofort ab und persönlich! Die sind Ihre Chefsache und werden auf keinen Fall delegiert.

Die Prioritäten sind festgelegt. Jetzt überlegen Sie, was Sie delegieren können.

Delegieren Sie

Was also soll jetzt Ihre Sekretärin für Sie erledigen?

✔ Als Erstes die Jubiläumsfeier für Otto Berner heute absagen (Dokument 7), weil Herr Berner diese Woche krank ist (Dokument 12) und das Catering abbestellen (Dokument 3).

✔ Außerdem soll sie dem kranken Herrn Berner noch freundliche Genesungswünsche schicken und ihm mitteilen, dass seine Feier zu einem ihm angenehmen Termin nachgeholt wird.

✔ Den Kollegen Ulrich Meyer anrufen und mit ihm einen Termin nach Ihrer Rückkehr aus Spanien vereinbaren, damit Sie beide sich in Ruhe über das Thema Familienbetreuung austauschen können (Dokument 2).

✔ Denken Sie noch an Dokument 6 und Dokument 8! Bitten Sie Ihre Sekretärin, die Kongressteamleitung des Personalleiter-Kongresses, der im August stattfindet, anzurufen und denen mitzuteilen, dass Sie eine Zusammenfassung Ihres Vortrages bis 10. Juli zusenden. Dann soll Frau Wolter den Vorgang in Ihre Wiedervorlage nach Ihrer Spanien-Rückkehr legen. Sie werden den Vortrag in Ruhe ausarbeiten können.

✔ Dokument 6, Ihre persönliche Haushaltshilfe, kann noch gut zwei Wochen warten, schließlich gehen Sie jetzt erst mal auf Dienstreise. Also ab in die Wiedervorlage, darum kümmern Sie sich persönlich, wenn Sie aus Spanien wieder da sind.

Was fehlt jetzt noch? Die tägliche Routinearbeit! Für die haben Sie heute, Montag, überhaupt keine Zeit – außer Sie machen Überstunden. Das geht aber nicht, denn Sie müssen noch Ihre Reisekoffer packen. Also bitten Sie Ihre Sekretärin, die Routinearbeit von heute auf morgen zu legen. Erinnern Sie sich: Es steht nirgends, wann Sie morgen nach Spanien fliegen. Ihre Projektarbeit dort beginnt erst nächste Woche! Das bedeutet, Sie können auch ganz bequem morgen Nachmittag oder am Abend verreisen. Dann haben Sie den ganzen Dienstag Zeit, um die Routinearbeiten der beiden Tage zu erledigen.

Auch mal etwas abgeben

Delegieren heißt also:

✔ Sich selbst die nötige Luft zu verschaffen, um wichtige und brisante Themen mit der nötigen Konzentration und Gewissenhaftigkeit abarbeiten zu können

✔ Anderen Vertrauen entgegenzubringen, dass diese die Arbeiten genauso gut erledigen können wie Sie selbst

✔ Andere in Ihre Arbeit einzubinden und damit für eine offene und klare Kommunikation zu sorgen

Delegieren ist somit nichts anderes als eine besondere Form der Zusammenarbeit.

Argumentieren Sie Ihre Entscheidungen

Ganze zehn Minuten haben Sie Zeit, Ihre Entscheidungen zu erläutern! Kommen Sie also gleich zur Sache! In den vergangenen 20 Minuten haben Sie den Papierberg bearbeitet, und jetzt müssen Sie den anderen strukturiert erklären, was Sie mit jedem einzelnen Vorgang machen. Schauen Sie sich Ihre Notizen auf den einzelnen Vorgängen an und erläutern Sie den Beobachtern Ihre Vorgehensweise.

Natürlich können Sie auch andere Lösungen als die eben erarbeiteten vorschlagen. Was gefällt Ihnen an der Musterlösung nicht? Was wollen Sie anders machen? Vielleicht gehen Sie gar nicht zur Beerdigung, wollen Ihren Chef viel früher sprechen, nehmen die Beschwerde des Personalrats mit zu Ihrem Chef, um dann mit ihm gemeinsam auf den Personalrat zuzugehen.

 Sie haben viele Möglichkeiten. Wichtig ist nur, dass Sie alle Aufgaben lösen und in einen vernünftigen Zusammenhang bringen.

Stehen Sie zu Ihren Entscheidungen!

Jetzt wird Ihnen richtig auf den Zahn gefühlt! Wie sollen die Beobachter sonst rauskriegen, ob Sie tatsächlich hinter Ihren Entscheidungen stehen? Die werden Sie ganz gemein fragen

- ✔ ob Sie der Meinung sind, die richtigen Entscheidungen getroffen zu haben,

- ✔ ob Sie Ihre Entscheidungen nicht besser überdenken wollen,

- ✔ ob Sie wirklich sicher sind, dass Ihre Vorschläge gut sind,

- ✔ ob Sie überzeugt sind, dass Ihre Entscheidungen in der Realität so umgesetzt werden können,

- ✔ warum Sie sich so und nicht anders entschieden haben,

- ✔ ob Sie sich auch andere Lösungswege vorstellen könnten.

Wie überzeugt sind Sie von Ihren Entscheidungen?

Achtung! Die wollen Sie doch nur aus dem Konzept bringen! Vertreten Sie Ihre Entscheidungen und zwar konsequent! Die Beobachter wollen wissen, ob Sie eine klare Position beziehen. Ihr Fähnlein in den Wind zu hängen, den anderen nach dem Mund zu reden und zu sagen »... man könnte auch ...« ist Ihr K.o.!

Hier sind Ihre Standhaftigkeit und Überzeugungskraft gefragt. Sie haben schließlich Ihre guten Gründe für Ihre Vorgehensweise, also lassen Sie sich nicht von Ihrem Weg abbringen. Sie haben sich viele Gedanken gemacht und die Entscheidungen getroffen, von denen Sie überzeugt sind, dass sie richtig sind. Machen Sie das den anderen klar! Stehen Sie zu Ihren Entscheidungen.

Übungen zur mündlichen Kommunikation

Die Beobachter wollen wissen, wie redegewandt Sie sind. Was bietet sich da wohl besser an als eine Präsentation! Mal sehen, was Sie da konkret erwarten kann.

Gut vorbereitet zum Erfolg

Sie werden entweder ein fachliches oder allgemeines Thema vorstellen dürfen. Und das in einer vorgegebenen Zeit:

✔ Die Vorbereitung Ihrer Präsentation dauert in aller Regel zwischen 20 und 30 Minuten.

✔ Die tatsächliche Präsentation dauert nicht länger als zehn Minuten.

Damit Ihr Vortrag nicht zu »trocken« wird, bekommen Sie entsprechende Präsentationsmedien zur Verfügung gestellt: Flipchart, Pinnwand, Moderationskärtchen, Boardmarker, Overheadprojektor und Folien. Schließlich wollen die Beobachter sehen, ob und wie geübt Sie im Umgang mit diesen Medien sind! Ihre Methodenkompetenz ist gefragt!

Neben Ihrer leserlichen Schrift gibt es ein paar grundsätzliche Präsentationsregeln, die die Visualisierung betreffen und die Sie auf alle Fälle beachten müssen. Egal ob Flipchart oder Pinnwand:

✔ Eine Überschrift muss immer da sein, damit jeder weiß, worum es geht. Sie können auch einen treffenden Titel wählen, wenn Sie möchten.

✔ Wenn Sie Symbole einsetzen, also Kreise, Dreiecke, Quadrate, Sternchen, was auch immer, achten Sie peinlich genau darauf, die gleichen Sachverhalte auch mit den gleichen Symbolen und Farben zu kennzeichnen.

✔ Apropos Farben: Verwenden Sie nicht mehr als drei Farben! Weniger ist hier mehr. Ihre Farben dürfen gerne eine konkrete Bedeutung haben, zum Beispiel:

  • Rot für eine besonders wichtige Aussage

  • Blau für generelle Anmerkungen, Aussagen

  • Grün für alles, was man sich merken soll

✔ Die wichtigsten Aussagen gehören in die Bildmitte. Sie sind schließlich der Blickfang!

> *Überladen Sie Flipchart und Pinnwand nicht!*
> Übersichtlichkeit ist das A und O. Sie können gerne zwischen 20 und 30 Prozent der Fläche freilassen. Das wirkt ein wenig »luftig«. Und wem schadet schon ein bisschen Luft

Nun wissen Sie, wie Sie Ihren Vortrag vorbereiten und optisch untermalen können! Das hilft Ihnen auch beim nächsten Thema.

Freies Reden

Bevor Sie ans Reden denken, machen Sie sich erst mal kleine Notizen, was Sie sagen möchten. Damit sind Sie sicher, dass Sie nichts vergessen, und haben den Kopf frei für die wichtigsten Rede-Grundregeln:

✔ Sprechen Sie klar und deutlich. Verschluckte Silben können zu Missverständnissen führen.

✔ Rasen Sie nicht durch Ihren Vortrag, sprechen Sie mit einem normalen Tempo. Zu langsames Sprechen führt zu einem langen Vortrag, der schnell langweilig wird.

✔ Variieren Sie Ihre Tonlage. Reden mit gleichbleibendem Ton schläfert Ihre Zuhörer über kurz oder lang ein. Betonen Sie, was Ihnen wichtig ist, indem Sie Ihre Stimme heben und auch mal ein wenig lauter sprechen.

✔ Schauen Sie Ihre Zuhörer an. Lassen Sie Ihren Blick von einem zum anderen schweifen und starren Sie ja nicht nur eine Person permanent an. Sie sind doch schließlich nicht aufdringlich!

✔ Ihre Hände haben genügend Präsentationsmaterial, mit dem sie sich beschäftigen können. Also wagen Sie es nicht, Ihre Hände in irgendwelchen Taschen verschwinden zu lassen oder gar die Arme zu verschränken!

 Damit Ihr Vortrag richtig gut wird, brauchen Sie einen *Leitfaden*, an dem Sie sich orientieren und der dafür sorgt, dass Sie nichts vergessen. Wo kriegen Sie den bloß her?

Überblick und Analyse helfen

Eigentlich müsste die Überschrift umgekehrt lauten, denn mit der richtigen Analyse bekommen Sie einen Überblick und mit dem Überblick Ihren Leitfaden. Was passt hier besser als der *Kurzvortrag*? Im Grunde ist Ihre Präsentation nichts anderes als ein Kurzvortrag. Sie müssen innerhalb von zehn Minuten eine Aufgabe so darstellen, dass jeder begreift, was Sache ist. Wissen Sie noch wie ein Kurzvortrag aufgebaut ist? Ganz genau, aus den folgenden drei Elementen:

Einleitung

✔ Worum geht es?

 Je besser Sie die Aufgabe, das Problem darstellen, desto einfacher begreifen es Ihre Zuhörer.

✔ Warum halten Sie diesen Vortrag?

 Machen Sie Ihren Zuhörern kurz und knackig klar, was der Sinn und Zweck Ihrer Rede ist.

✔ Hat der Zuhörer denn etwas zu erwarten?

 Na logisch! Erklären Sie ihm, wie sich Ihr Vortrag gliedert – machen Sie ihn neugierig auf das, was Sie gleich erzählen!

Hauptteil

Vergessen Sie auch hier Ihren roten Faden nicht. Nutzen Sie die Medien, die Ihnen zur Verfügung gestellt werden. Je mehr Sie visualisieren – aber bitte schön übersichtlich – desto leichter ist es für Sie, den Vortrag zu halten, und Ihre Zuhörer kriegen viel mehr mit.

Und nicht vergessen: Auch während Sie den Hauptteil Ihrer Präsentation vortragen, können und müssen Sie Ihre Zuhörer mit einbeziehen!

Schluss

Der Schluss ist ebenso kurz und knackig wie Ihre Einleitung:

✔ Fassen Sie noch mal die wesentlichen Inhalte kurz zusammen.

✔ Machen Sie allen klar, welchen Nutzen sie davon haben.

✔ Sie können auch Aufgaben verteilen, damit die anderen gleich wissen, woran sie sind.

Mit dem Kurzvortrag teilen Sie also Ihre Präsentation in drei Teile, füllen diese scheibchenweise mit den relevanten Informationen und haben ratzfatz Ihren Leitfaden. Nehmen Sie nachstehendes Beispiel:

Planen Sie eine Firmenfeier

> Sie übernehmen die Leitung der Marketingabteilung einer Firma mit insgesamt 120 Mitarbeitern. In drei Wochen steht ein besonderes Highlight bevor: Die Firma feiert ihren 80. Geburtstag und Sie sollen gemeinsam mit Ihren sieben Mitarbeitern diese Feier organisieren. Woran müssen Sie denken, damit das Firmenjubiläum ein gelungenes und unvergessliches Fest für alle Beteiligten wird? Präsentieren Sie uns Ihre Eventplanung. Sie haben 30 Minuten Vorbereitungszeit, anschließend dürfen Sie uns Ihre Ausarbeitung innerhalb von zehn Minuten vorstellen.

Kleine Aufgabe und viel Arbeit! Na dann fangen Sie mal an, sich den notwendigen Überblick zu verschaffen. Als Erstes machen Sie eine Bestandsaufnahme:

✔ Sie sind Leiter der Marketingabteilung.

✔ Ihr Team besteht aus sieben Mitarbeitern (MA 1–MA 7).

✔ Die Firma hat insgesamt 120 Mitarbeiter.

✔ In drei Wochen ist das große Firmenjubiläum.

> *Ihre Bestandsaufnahme*
>
> Was halten Sie davon, Ihre Bestandsaufnahme auf einem Flipchart zu notieren? Arbeiten Sie gleich mit zwei Farben: Die Überschrift »Bestandsaufnahme« schreiben Sie in Blau und machen ein Wölkchen außen herum, die Unterpunkte schreiben Sie in Schwarz und markieren jedes Wechselthema mit einem Pfeil.

Nehmen Sie nun die Pinnwand. Sie wollen lieber bei der Flipchart bleiben? Das wäre jetzt ungünstig, denn bei der Flipchart müssten Sie anfangen, permanent hin und her zu blättern, wenn Sie etwas nachsehen möchten. Auf der Pinnwand dagegen haben Sie mehr Platz und können viel besser Ihre Vorgehensweise strukturieren und darstellen. Notieren Sie die Überschrift:

✔ Was ist Ihre Aufgabe?

Die Jubiläumsfeier mit allem Drum und Dran zu organisieren. Also schreiben Sie wieder in einer großen schönen Wolke: *Organisation des 80-jährigen Firmenjubiläums*.

Bevor Sie anfangen, willenlos alles aufzuschreiben, was Ihnen gerade einfällt, überlegen Sie erst noch mal, was wichtig ist.

Machen Sie sich eine *To-do-Liste*. Zeichnen Sie eine Tabelle auf Ihre Pinnwand mit den Spalten:

✔ Was ist für die Organisation der Feier erforderlich?

✔ Wer organisiert?

✔ Bis wann?

Jetzt nehmen Sie die Moderationskärtchen und schreiben alles auf, wovon Sie glauben, dass es für die Organisation der Feier wichtig ist. Wenn Sie auch schon gleich mit den Moderationskärtchen eine Struktur vorgeben wollen, teilen Sie sich die Farben auf, zum Beispiel Grün für alles, was mit Örtlichkeiten zusammenhängt, Rot für Themen rund um die Feier, Weiß für sonstige Themen. Wie sieht das nun in der Praxis aus?

✔ Auf Ihren grünen Kärtchen steht:

- Wann soll die Feier stattfinden? Den ganzen Tag oder nur abends?

- Wo soll die Feier stattfinden? In der Firma oder außerhalb?

- Welche Lokalitäten außerhalb der Firma kommen in Frage?

- Wie sind Räumlichkeiten ausgestattet?

- Wie sieht die Bewirtung der Gäste aus? Welcher Caterer kommt in Frage, was soll es zu essen und zu trinken geben?

✔ Auf den roten Kärtchen notieren Sie:

- Wer wird eingeladen? Mitarbeiter und Kunden?
- Wer empfängt die Gäste?
- Wer hält die Jubiläumsrede und wie lange wird sie dauern?

✔ Sonstige Themen stehen auf den weißen Kärtchen, zum Beispiel:

- Welches Budget steht zur Verfügung?
- Werden Show-Einlagen durch Künstler gewünscht?
- Gibt es kleine Geschenke für die Gäste?

Pinnen Sie die Moderationskärtchen geordnet nach den Themen – das ist dank der farbigen Einteilung total einfach –, neben- oder untereinander an, je nachdem, wie viel Platz in Ihrer Spalte »Was ist für die Organisation der Feier erforderlich?« ist. Und nun verteilen Sie die Aufgaben! Schließlich haben Sie sieben Mitarbeiter, und ein bisschen was wollen Sie bestimmt auch selbst machen.

Fangen wir mit Ihnen an. Was ist Ihr Job? Logisch, alles zu klären, was gemeinsam mit der Firmenleitung zu besprechen ist!

 Sämtliche Abstimmungen, die auf Chefebene erfolgen, sind definitiv Chefsache und werden nie von Ihnen delegiert!

Also klären Sie, wo (räumlich gesehen) die Feier stattfinden soll (ein grünes Kärtchen) und besprechen alle roten Kärtchen, damit Sie schon mal den groben Ablauf der Feier vor

Augen haben. Ebenso diskutieren Sie mit der Firmenleitung die beiden weißen Kärtchen, damit Sie wissen, was Sie ausgeben können und ob Sonderwünsche der Geschäftsleitung zu berücksichtigen sind.

Sie kommen voran ...

Wenn Sie wissen, wo die Feier stattfinden soll, können Sie die Aufgaben der grünen Kärtchen, die örtliche Organisation, an drei Ihrer Mitarbeiter delegieren, von denen Sie wissen, dass sie Hand in Hand arbeiten und in solchen Themen perfekte Organisatoren sind.

Ganz locker haben Sie nun die zweite Spalte auf Ihrer Pinnwand gefüllt! Sie haben festgelegt, wer sich um was kümmern muss! Ergänzen Sie jetzt noch, bis wann die Themen auf den Moderationskärtchen abgearbeitet werden sollen. Was muss kurzfristig passieren? Ihr Gespräch mit der Geschäftsleitung, damit die Planung der Feier so richtig vonstatten gehen kann.

Teilen Sie die übrigen Punkte so ein, dass Ihre Planung bis spätestens eine Woche vor der Feier steht. Dann haben Sie noch genügend zeitlichen Spielraum für unvorhergesehene Themen. Das war's!

Sie haben die Aufgabe analysiert und einen perfekten Überblick für alle Beteiligten geschaffen, was zu tun ist, und dabei noch ganz viele verschiedene Medien eingesetzt. Jetzt brauchen Sie das nur noch allen zu erzählen! Ihre Flipchart und Ihre Pinnwand führen Sie doch geradezu durch Ihre Rede! Jetzt gibt es da nur noch eine winzige Kleinigkeit zu beachten, damit Ihre »freie Rede« vollkommen perfekt ist.

Es darf nicht langweilig werden!

 Sie wissen, dass Sie Ihrer Stimme Ausdruck verleihen und sich selbst ein bisschen bewegen müssen, um auch »Bewegung« in Ihre Rede zu bringen. Schließlich haben Sie den Abschnitt *Freies Reden* erst vor kurzem studiert. Was können Sie denn sonst noch tun? Ganz einfach: einen »Spannungsbogen« aufbauen. Wie das geht? Nun, welche Vorträge finden Sie denn spannend?

✔ Solche, in denen ab und an mal eine Frage vorkommt, gern auch eine rhetorische oder spitzfindige?

✔ Solche, die einen Zusammenhang zu Ihren ganz persönlichen Erlebnissen herstellen, nach dem Motto: »Sie kennen das doch auch, wenn ...« oder »Ihnen ist es doch auch schon mal passiert, dass ... «?

Zwei einfache Methoden, die absolut wirksam Ihren Vortrag auflockern und spannend machen! Und dabei müssen Sie die zwei Methoden gar nicht mal nach jedem Satz verwenden. Im Gegenteil: Setzen Sie die Pointen da, wo Sie welche haben wollen.

Überlegen Sie mal selbst, welche Ihrer Aussagen Sie in eine Frage packen können! Schreiben Sie sich Ihre Ideen auf. Und dann tragen Sie Ihre Rede einem guten Freund vor. Mal sehen, was der zu Ihren Fähigkeiten sagt. Sie werden staunen! Na, sind Sie motiviert? Dann machen Sie doch gleich mit der nächsten Übung weiter!

Üben Sie doch mal ein bisschen …

Übung macht den Meister! Dieser Spruch gilt auch bei der Vorbereitung rund ums Assessment-Center. Damit Sie selbst etwas trainieren können, hier ein paar gute Übungsvorschläge:

Übungen zur persönlichen Vorstellung

Übung 1

Vermarkten Sie sich selbst! Ihre Präsentation soll »Eigenwerbung« sein, quasi wie ein guter Werbespot im Fernsehen. Sie haben fünf Minuten Zeit, Ihr werbewirksames Selbstbildnis verbal zu präsentieren.

Übungen zur mündlichen Kommunikation

Übung 2

Halten Sie eine freie Rede zu folgenden Themen. Zur Vorbereitung Ihrer Rede haben Sie jeweils fünfzehn Minuten Zeit. Ihre Rede selbst darf maximal zehn Minuten dauern.

✔ Erläutern Sie die Bedeutung von sozialem Engagement.

✔ Auswandern – die ultimative Alternative?

✔ Man durchschneide nicht, was man lösen kann.

Es kann sein, dass Ihnen wesentlich mehr Zeit gegeben wird, um Ihre Rede auszuarbeiten. Je mehr Zeit Sie zur Vorbereitung haben, desto länger wird Ihr Vortrag. Für einen zwanzigminütigen Vortrag lässt man Ihnen eine gute halbe Stunde Vorbereitungszeit. Die Themen, zu denen Sie sich äußern müssen, können ganz schön knackig sein:

✔ Das Unternehmen, in dem Sie sich gerade vorstellen, soll in Kürze verkauft werden. Entwerfen und halten Sie einen ansprechenden Verkaufsvortrag.

✔ Sie möchten in Ihrem Unternehmen die Eigenverantwortung der Mitarbeiter fördern. Überzeugen Sie die Geschäftsleitung mit einer guten Strategie.

✔ Sie sind Leiter einer Verkaufsabteilung und möchten mit einer neuen, aufwendigen Verkaufsstrategie die Produktpalette Ihres Unternehmens weltweit bekannt machen. Dafür brauchen Sie mehr Personal und insbesondere finanzielle Unterstützung. Überzeugen Sie den Vorstand des Unternehmens, damit er Ihnen die gewünschten Mittel genehmigt.

Teil III

Gemeinsam übt es sich leichter

The 5th Wave   By Rich Tennant

»Eine wirklich gute Antwort!
Ich hätte da noch eine andere Frage …«

In diesem Teil ...

Gruppenübungen gehören ebenso zu einem Assessment-Center wie Einzelübungen. Und so schön nacheinander wie hier in diesem Buch werden Ihnen die Übungen in Ihrem Assessment-Center auf keinen Fall angeboten. Da geht's schon mal kreuz und quer – von der Einzelübung zur Gruppenaufgabe und wieder zurück und so weiter.

Behalten Sie aber Ihre gerade gelernte Vorgehensweise bei: Machen Sie auch in diesem Kapitel nach jeder Übung eine Pause und »schmecken« Sie sie nach. Was ist gut gelaufen, was können Sie Ihrer Meinung nach besser machen und wie wollen Sie es besser machen? Sie wissen ja nun wie es geht. Also dann fangen Sie an!

Rollenspiele

In diesem Kapitel

✔ Achten Sie weiter auf Ihre Strategie

✔ Rollenspiele machen Spaß

✔ Auf Ihre persönliche Wirkung kommt es an

Eine richtig spannende Übung! Sie bekommen jetzt eine ganz konkrete Rolle zugewiesen, die Sie tutto completto verinnerlichen und den anderen gegenüber stolz vertreten müssen. Bevor Sie Ihr schauspielerisches Können zeigen dürfen, gibt es noch ein paar wenige grundsätzliche Dinge, die Sie unbedingt beachten sollten.

Was wird jetzt von Ihnen erwartet?

Im Wesentlichen geht es »nur« um drei Verhaltensweisen:

✔ Wie ist Ihr Diskussionsverhalten:

- Reden Sie in ganzen Sätzen und verlieren den roten Faden nicht? Wie ist also Ihre Ausdrucksfähigkeit?

- Hören Sie den anderen aktiv und aufmerksam zu? Und lassen Sie andere ausreden?

- Bleiben Sie in der Lautstärke moderat oder werden Sie womöglich immer lauter, um sich durchsetzen zu wollen?

- Können Sie mit Kritik umgehen?

✔ Wie ist Ihr Teamverhalten:

- Sprechen Sie zurückhaltende Teilnehmer an?

- Zeigen Sie Verständnis für die Meinung anderer?

- Motivieren Sie die anderen?

- Bieten Sie Ihre Hilfe und Unterstützung an?

✔ Wie ist Ihr Entscheidungsverhalten:

- Versuchen Sie auf Biegen und Brechen Ihre Meinung durchzusetzen?

- Steht das Finden einer gemeinsamen Lösung für Sie im Vordergrund?

- Nehmen Sie die Meinungen der anderen auf und entwickeln Sie diese weiter?

- Suchen Sie nach passenden Lösungen?

Um Ihre Rolle überzeugend rüberzubringen haben Sie in der Regel zwischen 30 und 50 Minuten Zeit. Das ist viel Zeit. Warum sind Sie noch immer nicht ganz locker? Ach so:

Sie sind doch kein Schauspieler!

Von wegen! Sie haben jede Menge Potenzial in sich! Bleiben Sie ganz ruhig und machen Sie es wie die Profis. Lesen Sie sich Ihre Rollenanweisung ganz genau durch! Sie haben dafür immerhin fünf bis zehn Minuten Zeit. Das ist eine ganze Menge. Sie können also mehrfach lesen, wen Sie nun gleich »verkörpern« dürfen:

- ✔ Was ist das für ein Mensch?

- ✔ Was für Gefühle hat er?

- ✔ Gibt es Infos zu seinem privaten Umfeld?

- ✔ Was ist sein Job, macht er den gerne?

- ✔ Welche Absichten, welche Ziele verfolgt er?

Es ist völlig egal, ob Sie »Ihre Rolle« mögen oder nicht, mit den richtigen Fragen schaffen Sie es, sich in diese andere Haut hineinzufühlen!

 Stellen Sie alle Fragen, die Ihnen einfallen – natürlich nicht laut, sondern in Ihrem Kopf – und beantworten Sie diese auch. Je mehr Fragen, desto mehr Antworten und desto klarer wird Ihnen Ihre Rolle.

Machen Sie's wie Johnny Depp ...

Sie haben doch bestimmt schon mal im Fernsehen eine Reportage verfolgt, in der Schauspieler über ihren neuesten Film berichten. Nehmen Sie Johnny Depp in seiner Rolle als Captain Jack Sparrow in dem Film »Fluch der Karibik«. Wenn Johnny Depp gefragt wird, wen er spielt, dann sagt er: »Captain Jack Sparrow. Captain Jack ist eine faszinierende Persönlichkeit. Er ist ...« Und dann beschreibt er die Eigenschaften des Captains. Er respektiert, dass Captain Jack eine völlig andere Person als er selbst ist, und dennoch identifiziert er sich mit ihm, weil er seine Eigenschaften kennt und somit in seine Haut schlüpfen kann. Machen Sie es genauso!

Lernen Sie, »in Rollen zu schlüpfen«

Lesen Sie die folgende Situationsbeschreibung, nehmen Sie sich eine Person nach der anderen vor und analysieren Sie, was wohl in jedem Einzelnen vorgeht.

Situationsbeschreibung

In Ihrer Abteilung gibt es seit Jahren eine feste Arbeitszeit von täglich acht Stunden. Die Arbeitszeit beginnt morgens um 8.00 Uhr, Mittagspause ist in zwei Schichten entweder von 12.00–13.00 Uhr oder von 13.00–14.00 Uhr und Feierabend um 17.00 Uhr. Überstunden sollten nicht anfallen, häufen sich aber in den letzten Monaten immer mehr. »Arbeitszeitflexibilisierung« scheint notwendig zu werden.

Heute treffen sich alle Mitarbeiter, um sich mit diesem brisanten Thema auseinanderzusetzen und eine optimale Lösung zu finden.

Sie sind **Anne Meier**, 24 Jahre alt, unverheiratet und machen Ihren Job ganz gerne. Die starren Arbeitszeiten finden Sie ätzend. Sie hätten gerne endlich flexible Arbeitszeiten, damit Sie länger als eine Stunde in die Mittagspause gehen könnten. Ihre Pause würden Sie nämlich gerne für Einkäufe oder Treffen mit Ihren Freundinnen nutzen und dafür reicht Ihnen eine Stunde nicht aus. Sie haben dafür aber auch kein Problem, abends länger als 17.00 Uhr zu arbeiten.

Sie sind **Johann Herbig**, 52 Jahre jung, verheiratet, zwei erwachsene Kinder. Mit den Arbeitszeiten hatten Sie bislang überhaupt kein Problem. Überstunden machen Sie sowieso nicht, schließlich sind Sie ein tariflich bezahlter Mitarbeiter mit einem Durchschnittseinkommen. Sie vertreten die Meinung, dass Überstunden jene machen müssen, die außertariflich verdienen, denn die kriegen Überstunden ja mitbezahlt. Die ganze Aufregung wegen der Überstunden verstehen Sie so gar nicht, und jetzt müssen Sie noch Ihre kostbare Zeit für das Geplänkel wegen Arbeitszeitflexibilisierung opfern.

Sie heißen **Klaus Zeitig**, sind 34 Jahre alt, verheiratet und der Leiter dieser Abteilung. Privat haben Sie momentan eine Menge Stress, Ihre Frau fühlt sich vernachlässigt, weil Sie fast rund um die Uhr in der Firma sind, und wenn Sie spät abends nach Hause kommen, gibt's meistens Streitereien um Nichtigkeiten. Sie sind heute eh angespannt und haben jetzt überhaupt keine Lust auf Diskussionen. Außerdem hatten Sie noch keine Zeit, sich mit dem Thema Arbeitszeitflexibilisierung auseinanderzusetzen. Aber schließlich sind Sie der Boss! Sollen doch erst mal die anderen reden!

Sie sind **Nadine Schnell**, 28 Jahre alt, junge Mutter und die einzige Teilzeitbeschäftigte in der Abteilung. Die starren Arbeitszeiten sind ein großes Problem für Sie. Jeden Morgen müssen Sie Ihre Tochter zu einer Freundin bringen, weil der Kindergarten erst um 9.00 Uhr aufmacht, und auch die Abholerei ist immer recht umständlich für Sie. Ihre Arbeit schaffen Sie sowieso nie während Ihrer täglichen Arbeitszeit von fünf Stunden. Ihnen wäre es am liebsten, wenn Wochen- oder Jahresarbeitszeiten eingeführt würden.

Sie heißen **Max Wulf**, sind 30 Jahre alt und seit zwölf Wochen als Leiharbeiter in der Abteilung beschäftigt. Eigentlich ist Ihnen das Thema Arbeitszeitflexibilisierung völlig egal, weil Sie es als Leiharbeiter gewohnt sind, sich den unterschiedlichen Arbeitszeiten der verschiedenen Firmen, zu denen Sie geschickt werden, anzupassen. Sie haben aber in anderen Unternehmen schon jede Menge Erfahrung mit flexiblen Arbeitszeitmodellen gesammelt. Aus diesem Grund wurden Sie von dem Abteilungsleiter gebeten, an der Sitzung teilzunehmen. Sie haben das Gefühl, dass der Abteilungsleiter gar keine Ahnung von dem Thema hat und deshalb von Ihrem Wissen profitieren will. Das ärgert Sie.

Fünf Personen und fünf völlig unterschiedliche Persönlichkeiten. Und trotzdem wird Ihre Analyse immer die gleiche sein. Das glauben Sie nicht? Mal sehen:

✔ Worum geht es: Eine Sitzung, in der die optimale Arbeitszeitregelung gefunden werden soll, sodass die anfallende Arbeit ohne Überstunden zu bewältigen ist und nach Möglichkeit die Bedürfnisse jedes Einzelnen berücksichtigt werden.

✔ Was müssen Sie als Erstes checken, wenn Sie in die Haut des anderen schlüpfen? Genau: Wer ist das und wie interessiert ist er an dem Thema?

Anne Meier: Ledig, will längere Pausenzeiten und ist bereit, dafür abends längere Arbeitszeiten in Kauf zu nehmen. Würde sie denn auch morgens früher anfangen wollen? Ein quirliges, munteres Persönchen, oder nicht?

Johann Herbig: Versteht gar nicht, warum das Thema diskutiert werden muss. Die alte Regelung hat sich doch bislang bewährt. Er macht eh keine Überstunden. Die Sitzung ist für ihn pure Zeitverschwendung. Er scheint also nicht an einer Diskussion interessiert zu sein, oder?

Klaus Zeitig: Der von der Ehefrau gestresste Abteilungsleiter. Eine Regelung seines Privatlebens wäre ihm viel lieber als jetzt Diskussionen wegen der Arbeitszeit zu führen. Er ist eh schon genug genervt. Aber er kann ja auch den Boss raushängen und erst mal sehen, was die anderen so meinen. Ist der nicht ganz schön arrogant? Oder einfach nur mit der Situation überfordert? Oder eben ein echter Boss?

Nadine Schnell: Die einzige Teilzeitmitarbeiterin, hat neben der Arbeit auch noch zu Hause eine Menge zu managen. Sehnt die sich nicht total nach flexibler Arbeitszeit? Kommt da nicht ein riesengroßes Bedürfnis nach freier Zeiteinteilung rüber?

Max Wulf: Ist Leiharbeiter, hat also eigentlich gar nix mit der Abteilung zu tun, hilft ja nur aus. Er hat aber als Einziger bislang Erfahrung mit flexiblen Arbeitszeiten. Und hat er nicht auch das Gefühl, dass sein Wissen und seine Erfahrungen nur ausgenutzt beziehungsweise benutzt werden sollen, damit sich andere keine großen Gedanken machen und neue Strategien entwickeln müssen? Ist er deswegen nicht schon sauer?

 Auf geht's: Nehmen Sie sich ein Blatt Papier und schreiben Sie auf, wie jeder Einzelne argumentieren kann, um seine Interessen durchzusetzen.

Denken Sie daran: In einem echten Assessment-Center kennen Sie die Rollen der anderen nicht. Da können Sie nur die Position beziehen, die Ihnen zugeteilt wird. Hier und jetzt zum Üben wissen zumindest Sie, wer sich hinter der einzelnen Rolle verbirgt. Das macht aber gar nichts! Damit es spannend bleibt, bitten Sie doch Freunde oder Bekannte, Ihnen bei der Vorbereitung auf das Assessment-Center zu helfen. Daraus kann ein interessantes Spiel werden, an dem auch Ihre Helfer Spaß haben.

✔ Keiner darf vom anderen wissen, was für eine Rolle er hat.

✔ Sie nehmen also am besten *Post-its* mit den Namen der einzelnen Rollen und lassen die anderen ein Zettelchen ziehen.

✔ Das übrig Gebliebene ist Ihre Rolle. So können Sie sich keine Rolle aussuchen, sondern müssen die nehmen, die Ihnen zugewiesen wird. Eben wie im Asessment-Center.

Achtung Suchtgefahr!

Rollenspiele machen unglaublich viel Spaß! Sie müssen nachdenken, kreativ werden, umdenken, andere überzeugen und zu Ihrer eigenen Meinung stehen. Bei den folgenden Übungen wird Ihnen eine konkrete Rolle zugeteilt. Ein Beobachter übernimmt die Rolle Ihres Gegenspielers. Im Anschluss an Ihre fünfminütige Vorbereitungszeit findet ein zehnminütiges Rollenspiel statt, in dem Sie die Ihnen gestellte Aufgabe lösen müssen.

✔ Sie sind Abteilungsleiter und beschäftigen drei Projektleiter und eine Abteilungsassistentin. Einer der Projektleiter schüttet permanent die Abteilungsassistentin mit seinen Schreib- und Konzeptarbeiten zu. Die Arbeiten der anderen Projektleiter bleiben liegen. Beide Projektleiter beschweren sich bei Ihnen und bitten Sie um ein klärendes Gespräch mit dem anderen Projektleiter.

✔ Sie sind seit über zwanzig Jahren in einer Firma tätig. Von Kollegen erfahren Sie, dass Ihr Chef hinter Ihrem Rücken Ihre Frühpensionierung vorbereitet. Sie selbst halten sich für einen der besten Mitarbeiter und sind überzeugt, dass Sie unersetzbar sind. Sie suchen ein klärendes Gespräch, in dem Sie Ihre Frühpensionierung endgültig vom Tisch fegen wollen.

Diskutieren Sie munter drauf los, mal sehen, wie heiß die Diskussion wird und ob Sie eine gemeinsame Lösung finden. Das macht schon Spaß, nicht wahr?

Führerlose Gruppendiskussionen

In diesem Kapitel

✔ Was heißt hier »führerlos«?

✔ So diskutieren Sie mit System

✔ Clever überzeugen geht ganz einfach

Sie haben es doch gerade richtig genossen, mal in eine andere Haut zu schlüpfen, was glauben Sie, wie sehr Sie es nun genießen werden, Ihre eigene Meinung zu vertreten. Bei der führerlosen Gruppendiskussion ist jetzt Ihre ganz persönliche Meinung gefragt.

Die Gruppe bekommt ein Thema, über das sie diskutieren soll. Es ist in aller Regel ein problematisches Thema, und Ziel ist es, gemeinsam eine Lösung zu erarbeiten. Sie werden selten mit Fachthemen konfrontiert, allgemein interessante Themen sind angesagt, wobei die völlig unterschiedlich sein können, zum Beispiel:

✔ Sollen künftig neue Arbeitsplätze geschaffen werden, indem sämtliche Vollzeitjobs in Teilzeitjobs gewandelt werden?

✔ Soll das Ladenschlussgesetz aufgehoben werden?

Es kann auch ein wenig »spezieller« werden:

✔ Entwerfen Sie einen Motivationskatalog für Führungskräfte (eine Art Anleitung, wie Mitarbeiter leicht motiviert werden können).

Ganz schön kniffelige Themen, nicht wahr? Aber was bedeutet denn nun »führerlos«?

Willkürliche Streitereien?

Führerlos bedeutet nicht gleich willenlos! Es soll zwar zu lebhaften Diskussionen der Teilnehmer kommen, nicht aber zu regelrechten Streitereien. Überlegen Sie mal, welche Ihrer Eigenschaften diese Übung zutage fördert? Richtig, alle, die auch bei dem Rollenspiel zu beobachten waren:

✔ Ihr Diskussionsverhalten:

- Hören Sie den anderen aktiv und aufmerksam zu?
- Lassen Sie andere ausreden?
- Bleiben Sie in der Lautstärke moderat oder werden Sie womöglich immer lauter, um sich durchsetzen zu wollen?
- Können Sie mit Kritik umgehen?

✔ Ihr Teamverhalten:

- Sprechen Sie zurückhaltende Teilnehmer an?
- Zeigen Sie für die Sichtweisen der anderen Verständnis?
- Motivieren Sie die anderen?

✔ Ihr Entscheidungsverhalten:

- Versuchen Sie auf Biegen und Brechen Ihre Meinung durchzusetzen?
- Steht die Findung einer gemeinsamen Lösung für Sie im Vordergrund?

- Nehmen Sie die Meinungen der anderen auf und entwickeln Sie diese weiter?

- Suchen Sie nach passenden Lösungen?

 Gibt es da nicht doch noch ein paar zusätzliche Eigenschaften, die Ihnen so eine ungesteuerte Diskussion entlockt? Klar doch:

✔ Initiative – wie ausgeprägt ist die bei Ihnen?

- Übernehmen Sie ganz eifrig Aufgaben?

- Lassen Sie erst mal die anderen arbeiten und warten, was übrig bleibt?

- Machen Sie Strukturierungsvorschläge?

✔ Konfliktfähigkeit – wie sehr lassen Sie sich auf den Zahn fühlen?

- Vertreten Sie Ihren eigenen Standpunkt nachhaltig?

- Korrigieren Sie auch mal Ihre eigene Meinung?

- Bleiben Sie sachlich oder werden Sie sogar persönlich, um Ihre Meinung durchzusetzen?

✔ Überzeugungsfähigkeit – wie nachhaltig wirken Sie auf andere?

- Wie verschaffen Sie sich Akzeptanz?

- Können die anderen Ihrer Argumentation folgen?

- Übernehmen die anderen Ihre Meinung, womöglich sogar als Gruppenmeinung?

Sie werden also ganz schön durchleuchtet! Mit Geschrei und Ellenbogenmentalität haben Sie hier absolut keine Chance. Aber das wissen Sie ja!

> ### *Diskutieren Sie mit, aber sachlich*
>
> Wie diskutieren Sie denn? Gehören Sie zu denen, die beim kleinsten Widerspruch wie eine Rakete an die Decke gehen, oder ziehen Sie lieber zurück und sitzen das Problem mehr oder minder aus? Wie auch immer, beides geht im Assessment-Center nicht, hier müssen Sie Farbe bekennen und sich einbringen.

Was halten Sie von folgender Taktik:

✔ Hören Sie aufmerksam zu, wenn der Moderator die Aufgabe erklärt. Im Zweifel schreiben Sie sich die Aufgabe auf. Das hat den Charme, dass Sie während der gesamten Diskussion immer wieder mal einen Blick auf Ihr Zettelchen werfen können und so sehen, ob Sie noch auf der Zielgeraden sind oder am Thema vorbeidiskutieren.

✔ Klar haben Sie zu dem Thema, zu der Aufgabe Ihre ganz persönliche Meinung. Die müssen Sie doch aber nicht gleich in epischer Breite den anderen unter die Nase reiben, oder? Lassen Sie doch erst mal die anderen reden. Die könnten Ihnen interessante Ideen liefern, über die Sie dann erst noch mal nachdenken können.

Vielleicht ergänzt das eine oder andere Ihre Meinung, und Sie können an der Aussage Ihres Mitbewerbers anknüpfen: »Herr Meier, da kann ich Ihnen nur beipflichten. Ich bin der gleichen Meinung und möchte noch ergänzen, dass ...« Oder Meier liefert Ihnen die Vorlage, damit Sie Ihre gegensätzliche Meinung sagen: »Herr Meier, was Sie das sagen, ist sehr interessant. Ich bin allerdings der Meinung, dass ...« Damit bringen Sie zum Ausdruck, dass Sie den anderen aktiv zuhören, deren Meinung akzeptieren und dennoch Ihren eigenen Standpunkt haben, den Sie auch vertreten. Das macht Sie richtig sympathisch.

✔ Wenn keiner zu reden anfängt, dürfen Sie gerne den ersten Schritt machen. Wie wäre es, wenn Sie die Aufgabenstellung noch einmal für alle zusammenfassen und mit einer Frage verbinden: »Eine sehr interessante Aufgabe, die wir da zu lösen haben. Wir sollen also ... Hat denn jemand bereits Erfahrung mit diesem Thema?« Seine Erfahrungen teilt doch jeder gerne mit!

Und wenn keiner Erfahrungen hat, dann können Sie zum Beispiel auch fragen, ob denn jemand eine Vorstellung hat, wie man nun am besten an das Thema herangeht. Sie glauben gar nicht, welche Wirkungen solche freundlichen Fragen haben. Lassen Sie sich mal überraschen, wie schnell einer Ihrer Mitbewerber auf diesen Zug aufspringt und seine Meinung kundtut.

✔ Unterbrechen Sie die anderen nicht. Falls das trotzdem mal passiert, vergeben Sie sich nichts, wenn Sie sich für die Unterbrechung entschuldigen. Höflichkeit kommt immer gut an.

✔ Denken Sie daran, auch bei dieser Übung zu allen Blickkontakt zu halten. Wagen Sie es aber ja nicht, mit Ihrer Mimik deutlich zu machen, dass Sie gelangweilt oder von den Aussagen Ihrer Mitbewerber genervt sind! Rollen Sie also auf keinen Fall die Augen! Sie wissen ja: »Ein Blick sagt mehr als tausend Worte.«

✔ Streichen Sie für diese Übung sämtliche Imperative aus Ihrem Wortschatz ebenso wie den dazugehörigen Befehlston! Es wird nun einmal viel Wert auf Ihre Teamfähigkeit gelegt! Wenn Sie die anderen zu etwas bewegen wollen, dann so:

- »Was halten Sie davon, wenn wir … machen?«

- »Sind alle damit einverstanden, dass wir auf diese Weise vorgehen?«

- »Verstehe ich es richtig, dass wir folgende Strategie anwenden wollen?«

✔ Klar können Sie auch sagen, dass Sie etwas nicht gut finden. Dann aber bitte mit dem entsprechend guten Vorschlag von Ihnen gleich im Anschluss:

- »Ich halte das für keine gute Idee. Ich könnte mir vorstellen, dass … Was meinen Sie zu meinem Vorschlag?«

Diplomatie ist angesagt! Und die beherrschen Sie ja wohl!

Die Meinungen der anderen strukturieren

Geht so was überhaupt? Na klar doch!

 Für die führerlose Gruppendiskussion haben Sie 50 bis 60 Minuten Zeit. Manchmal auch länger. Abhängig ist der Zeitrahmen von der Größe der Teilnehmergruppe, denn man rechnet pro Teilnehmer mit einer Rededauer von acht bis zehn Minuten. Sie haben also eine ganze Menge Zeit!

Sie müssen Ihre acht bis zehn Minuten nicht am Fließband runterreden. Bringen Sie sich so ein, wie Sie es für richtig halten. Extrem hilfreich ist es, erst einmal einen Überblick über die Diskussionsbeiträge zu bekommen. Dann ist es auch relativ einfach, den passenden Zeitpunkt für den eigenen Beitrag zu erkennen. Wie kriegen Sie denn den Überblick? Mit den richtigen Hilfsmitteln, denn es stehen Ihnen entweder Flipchart und/oder Pinnwand mit Moderationskärtchen zur Verfügung.

Machen Sie eine To-do-Liste

Sie haben eine Aufgabe, die es gemeinsam zu lösen gilt, sammeln nun die einzelnen Aussagen an der Pinnwand, entscheiden dann, wer was bis wann erledigt und lösen so die Aufgabe.

Sehen Sie mal genau hin: Viele Ideen sind ähnlich oder beziehen sich auf das Gleiche. Also fassen Sie diese Aussagen unter einer Überschrift zusammen. So machen Sie das mit allen Aussagen: Alles, was in irgendeiner Beziehung zueinander steht, wird neben- oder untereinander geschrieben und kriegt eine treffende Überschrift. Alle anderen Begriffe oder Aussagen bleiben »solo«. So bekommen Sie den richtigen Überblick! Nur die Lösung des Problems fehlt noch.

Den eigenen Standpunkt erkennen

Durch den vielen Input von außen, die Ideen und Meinungen der anderen, wurde die Aufgabe von vielen Seiten beleuchtet. Auch von Seiten, an die Sie gar nicht gedacht hätten.

 Eine Aufgabenstellung, viele unterschiedliche Meinungen und schon wird das ursprüngliche »Riesenproblem« scheibchenweise zerlegt und durchleuchtet. Es tauchen viele neue Aspekte auf, über die es sich lohnt, nachzudenken.

Sämtliche *Wenn* und *Aber* konnten Sie jedoch nicht dazu bewegen, Ihre Meinung zu ändern? Gut, dann sind Sie von Ihrer ursprünglichen Meinung schlichtweg überzeugt. Also vertreten Sie sie auch.

Wenn nun aber die Argumente der anderen Sie zu dem Schluss gebracht haben, dass Ihnen Ihre ursprüngliche Meinung gar nicht mehr so klasse vorkommt und Sie nach einigem Überlegen jetzt eine andere Meinung haben, dann stehen Sie dazu!

Erklären Sie, warum Sie Ihre Meinung geändert haben. Sie werden staunen, wie viel Respekt Ihnen die anderen entgegenbringen, wenn Sie denen klarmachen, dass Sie nun aus ganz konkreten Gründen eine andere Auffassung vertreten. Sie müssen Ihre »neue« Meinung nur begründen können.

 Hängen Sie ja nicht Ihr Fähnlein nach dem Wind und fangen an zu stammeln nach dem Motto: »Ich glaube, wir könnten, sollten, wollten ...« Fakten sind gefragt! Schließlich haben Sie Ihre Meinung doch wegen hieb- und stichfester Argumente geändert! Also zählen Sie diese auf und erklären Sie sie.

So schaffen Sie es auch spielerisch zum letzten Punkt.

Überzeugen ohne Streiterei

Wie überzeugen Sie denn andere von Ihrer Meinung? Nicht, indem Sie sagen, dass das so und nicht anders ist, oder? Ganz im Gegenteil: indem Sie mehr oder weniger ausführlich erklären, warum Sie diese Meinung vertreten.

Es sind Argumente, die überzeugen

Es sind die Gründe, die Ihnen helfen, andere von Ihrer Meinung zu überzeugen oder sogar für Ihre Meinung zu begeistern. Und wenn es dann noch gute Argumente gibt, die beweisen, dass mit Ihrer Methode eine Menge Vorteile für alle entstehen, dann haben Sie auf ganzer Linie gewonnen!

Na ja, die Nachteile Ihres Vorschlags dürfen Sie natürlich nicht verschweigen. Aber Sie müssen die Nachteile auch nicht unnötig breittreten. Erwähnen Sie sie. Und stellen Sie im Gegenzug die Vorteile ganz besonders deutlich heraus!

Fassen Sie Ihre Überzeugungsstrategie jetzt noch einmal kurz zusammen:

✔ Stichhaltige Argumente sammeln

✔ Gründe anführen, die beweisen, dass Ihre Meinung richtig ist und zum Ziel führt

✔ Gründe anführen, die die anderen auch verstehen können

✔ Nachteile nicht unterschlagen, sondern zumindest erwähnen

✔ Vorteile und Nutzen klar herausstellen

So einfach ist es zu überzeugen! Probieren Sie es aus! Nehmen Sie ein paar Freunde und diskutieren Sie mal über die am Anfang genannten Themen. Wenden Sie Ihre Überzeugungsstrategie an – Sie werden staunen, wie leicht Sie die anderen auf Ihre Seite ziehen!

Aber nicht vergessen ...

Wenn andere bessere Argumente haben und Sie überzeugen können, dass Ihre Meinung nicht das Gelbe vom Ei ist, lassen Sie das auch unbedingt zu! Sie zeigen extreme Größe, wenn Sie zugeben, dass die Vorschläge der anderen viel geeigneter sind, um die Aufgabe zu lösen. Sie beweisen noch viel mehr als nur Größe: Flexibilität und Teamgeist! Genau die Eigenschafen, die sich jeder Arbeitgeber von seinen Mitarbeitern wünscht!

Mal ganz ehrlich: Wie fühlen Sie sich gerade? Fix und alle, nicht wahr? Und trotzdem motiviert? Das ist ja klasse! Sie freuen sich also auf Ihr richtiges Assessment-Center und darauf zu zeigen, was in Ihnen steckt! Super! Dann lesen Sie jetzt weiter, was noch so alles kommen kann.

Problemlösungsaufgaben

Es kann durchaus sein, dass in Ihrem Assessment-Center Problemlösungsaufgaben als Gruppenaufgaben gestellt werden. Müssen Sie diese Aufgabe gemeinsam mit anderen lösen, so spielt deren Meinung eine ebenso entscheidende Rolle wie die Ihre.

 Hier ist Teamgeist und Kompromissfähigkeit gefragt, damit sie alle zusammen zu einer vernünftigen und guten Lösung kommen.

Sie werden für die Problemlösungsaufgabe am Ende der Übung ausnahmsweise keine Auflösung bekommen. Sie lernen, wie Sie Probleme geschickt angehen, kreativ und intuitiv werden können, sodass Sie am Ende dieser Übung in der Lage sind, sowohl allein als auch in der Gruppe mit einer guten Strategie Lösungen zu erarbeiten. Wichtig ist, dass Sie die Aufgabe, die Sie lösen müssen, erstmal in aller Ruhe lesen und vor allen Dingen verstehen. Also mal sehen, was so alles gefragt sein kann.

So viele Fragen auf einmal ...

Sind Sie fachlich fit? Schön für Sie. Aber in den meisten Fällen an dieser Stelle nicht unbedingt wichtig. Dass Sie ein fachliches Problem lösen müssen, kommt ganz selten vor. Warum wohl? Das Prüfungskomitee braucht in solchen Fällen ebenso wenigstens ein Minimum an Fachwissen, es müssen also die Beobachter zusätzlich fachlich geschult werden und oft muss wenigstens ein Fachvorgesetzter in das Assessment-Center mit einbezogen werden. Das ist für viele Firmen recht aufwendig.

Wie gut, dass es komplexe Fallstudien gibt, die überall eingesetzt werden können!

Aufgabe

Sie sind Abteilungsleiter eines kleinen Versandwarenhandels und haben 15 Mitarbeiter, von denen zehn für den Warenversand zuständig sind. Die anderen fünf Mitarbeiter steuern den Versand mit der notwendigen EDV-Technik. Sie nehmen Aufträge telefonisch, via Fax und Mail oder postalisch entgegen, setzen die Aufträge technisch um, sodass der Versand abschließend die Ware an die Kunden schicken kann. Die Mitarbeiter in der EDV können sich problemlos ebenso gegenseitig vertreten wie die Kollegen im Versand.

Seit einigen Wochen merken Sie, dass insbesondere die jüngeren Mitarbeiter aus dem Versand sich immer wieder zu längeren Gesprächen im EDV-Büro aufhalten. Die Arbeit im Versand bleibt liegen, und die Beschwerden der Kunden häufen sich.

Zum Teil werden die Waren falsch ausgezeichnet, der Anteil an Retouren ist in den letzten beiden Wochen stark gestiegen. Außerdem stört Sie das Chaos, das mittlerweile in dem Versandlager herrscht, Kartons stapeln sich, Materialreste liegen überall herum, die Waren werden nicht mehr in die vorgesehenen Regale sortiert, sondern liegen ungeordnet zwischen den Kartons auf dem Boden.

Sie wurden vor kurzem im Rahmen eines Seminars für Führungskräfte geschult. Hier haben Sie gelernt, dass Sie mit Ihrem Team Zielvereinbarungen treffen müssen, um vor allem auch ein besseres Betriebsergebnis zu erzielen.

Sie werden am Umsatz Ihrer Abteilung gemessen und sind bislang noch weit in den roten Zahlen. Das bedeutet auch, dass Sie und Ihre Mitarbeiter am Jahresende keine Bonuszahlung bekommen. Bislang haben Sie noch kein Teammeeting einberufen, weil Sie wegen der momentanen Situation mit erheblichem Widerstand Ihrer Mitarbeiter rechnen.

Jetzt sitzt Ihnen die Geschäftsleitung im Nacken und will so schnell wie möglich wissen, wie und bis wann Sie aus den roten Zahlen kommen.

Lösen Sie folgende Fragen:

✔ Was sind die Ursachen für den desolaten Zustand in Ihrer Abteilung?

✔ Welche konkreten kurz-, mittel- und langfristigen Ziele wollen Sie vereinbaren?

✔ Wie motivieren Sie Ihre Mitarbeiter für die Zielerreichung?

✔ Wie argumentieren Sie gegenüber der Geschäftsleitung?

Solche realitätsnahen Probleme sind Ihnen doch herzlich willkommen. Sie dürfen kreativ werden.

Sie finden die richtigen Lösungen

Wie gehen Sie jetzt vor? Sie lesen den Text ganz genau. Dann schlüpfen Sie in die Rolle des Betroffenen. Sie sind jetzt der Abteilungsleiter. Wichtig ist, dass Sie sich mit Ihrer Rolle identifizieren. Jetzt erst kommt das eigentliche Problem:

✔ Was genau ist denn überhaupt Ihr Problem?

Eine total chaotische Abteilung.

✔ Wie ist das Problem entstanden? Was ist also die Ursache für das Problem?

Offensichtlich unmotivierte Mitarbeiter, Ihr persönliches Führungsverhalten und so weiter.

✔ Wer ist beteiligt/betroffen?

Mitarbeiter und Geschäftsleitung.

✔ Was wollen Sie erreichen? Was ist Ihr konkretes Ziel?

Eine top organisierte Abteilung mit motivierten Mitarbeitern, die sorgfältig, zielstrebig und kundenorientiert arbeiten und es gemeinsam mit Ihnen schaffen, aus den roten Zahlen zu kommen.

✔ Welches Ziel soll kurzfristig erreicht werden?

Die Organisation der Abteilung.

✔ Welches ist Ihr mittelfristiges Ziel?

Aus den roten Zahlen zu kommen.

✔ Was wollen Sie langfristig erreichen?

Motivierte, gute, arbeitsame und organisierte Mitarbeiter zu haben, mit denen Sie schwarze Zahlen schreiben.

✔ Womit können Sie Ihr Ziel erreichen?

Den Mitarbeitern deutlich vor Augen führen, was sich verändern muss: aufräumen, Ordnung schaffen, Überblick bekommen, die Kunden termingerecht mit ordentlicher Ware versorgen und und und, damit die Abteilung eben nicht geschlossen wird.

Was ist Ihr erstes Fazit? Richtig: Gespräche sind erforderlich. Gruppengespräche mit Ihrer Abteilung und/oder Einzelgespräche – das müssen Sie entscheiden. Damit Sie am Ende Ihr Ziel erreichen, müssen sowieso alle mit ins Boot genommen und entsprechende Vereinbarungen getroffen werden.

Was halten Sie von den berühmten W-Fragen?
Schließlich haben Sie die doch gerade benutzt, um Ihr Problem zu durchleuchten. Hier nochmals die Kurzform, mit der Sie geschickt an eine problematische Aufgabe herangehen können:

- ✔ Was (ist los)
- ✔ Wie (ist es passiert)
- ✔ Wer (ist beteiligt)
- ✔ Wo (soll es hingehen = Ziel)
- ✔ Womit (erreichen Sie Ihr Ziel)
- ✔ Bis wann (erreichen Sie es)

Aha, jetzt haben Sie es verstanden! Klasse.

Die To-do-Liste

Mit der To-do-Liste können Sie mit wenig Aufwand einen strukturierten Lösungsplan erarbeiten!

Und das geht ganz einfach mit *Stichworten*. Sie haben doch gerade entweder für sich selbst erkannt oder mit allen Beteiligten diskutiert, was das Problem ist, Ursachenforschung betrieben und somit das Problem analysiert.

Was los ist und wie es passiert ist, steht fest. Nun ist es an der Zeit zu entscheiden, mit welchen Mitteln, also wie, das gewünschte Ziel erreicht werden soll. Erinnern Sie sich? Sie wollen langfristig motivierte, gute, fleißige Mitarbeiter, mit denen Sie schwarze Zahlen schreiben. Das bedeutet, dass Sie, um Ihr Problem zu lösen und Ihr Ziel zu erreichen, mit allen Mitarbeitern in Ihrer Abteilung diese To-do-Liste erarbeiten müssen. Hier werden alle Vereinbarungen, die Sie mit Ihren Mitarbeitern treffen, festgehalten.

Und so einfach ist diese To-do-Liste aufgebaut:

✔ Wer

✔ Was

✔ Bis wann

Wenn Sie die gestellte Aufgabe allein lösen müssen, können Sie diesen Plan nach Ihren Vorstellungen systematisch aufstellen. Sie könnten zum Beispiel notieren, wer ab sofort dafür sorgt, dass das Material ordentlich und sauber in den richtigen Regalen aufbewahrt wird, wer die leeren Kartons entsorgt, ob Sie die Auftragsannahme an einen Mitarbeiter delegieren, konkrete Vertretungsabsprachen treffen und und und.

 Müssen Sie die Aufgabe innerhalb einer Gruppe lösen, so halten Sie Ihre Ideen bitte nicht zurück, sondern kommunizieren Sie diese offen. Hören Sie konzentriert den anderen zu, was die so alles vorschlagen, und gehen Sie entsprechend konstruktiv mit Ihrer Kritik um. Sie müssen hier Teamgeist und strategisches Vorgehen beweisen, denn am Ende wollen die Beobachter bei dieser Übung im Assessment-Center auch Lösungen sehen.

Überzeugen Sie argumentativ!

Die Kunst bei diesen Problemlösungsaufgaben ist es, am Ende den Beobachtern eine schlüssige und strategisch klare, gute Lösung des Problems anzubieten. Es wird von Ihnen oder Ihrer Gruppe erwartet, dass Sie Ihre Lösung am Ende präsentieren. Erklären Sie in aller Ruhe Ihre Vorgehensweise:

✔ Sie haben Ihr Problem analysiert. Also formulieren Sie als Erstes kurz das Problem und schildern seine Ursachen. So erkennen die Beobachter, dass Sie wissen, worum es geht.

✔ Beschreiben Sie dann Ihre Ziele. Was Sie verändern und wie schnell, also kurz-, mittel- und langfristig.

✔ Erklären Sie, mit welchen Mitteln und Methoden Sie zu Ihren Zielen kommen. Denken Sie an die To-do-Liste! Erläutern Sie, mit welchem/welchen Mitarbeiter/n Sie welche Vereinbarungen getroffen haben.

✔ Begründen Sie, warum Sie glauben, mit Ihrer Vorgehensweise am besten Ihre Ziele zu erreichen. Vergessen Sie hier nicht Motivation und Engagement. Sie haben schließlich Ihre Mitarbeiter mit ins Boot genommen und

Ihnen klargemacht, dass der Erfolg nur gemeinsam mit Ihnen zu erreichen ist.

Wenn Sie nun gemeinsam mit Ihrer Gruppe Ihre Lösungsstrategie präsentieren müssen, ist es notwendig, dass Sie sich innerhalb der Gruppe abstimmen, wer welchen Part vorträgt.

 Achten Sie mit darauf, dass jedes Gruppenmitglied einen aktiven Beitrag liefert – Sie selbst natürlich auch. Schließlich wollen die Beobachter sehen, wie ausgeprägt Ihr Teamgeist ist und wie fair Sie miteinander umgehen.

Haben Sie die Vorgehensweise verstanden? Gut, dann fassen Sie jetzt nochmals zusammen, was Sie bei Problemlösungsaufgaben unbedingt beachten sollen. Sie werden ja aus ganz bestimmten Gründen mit diesem Problem konfrontiert. Was also wollen die Beobachter von Ihnen erfahren?

Die Beobachter wollen hören und sehen

✔ dass Sie aktiv an ein Problem herangehen,

✔ dass Sie Ihre analytischen Fähigkeiten unter Beweis stellen, indem Sie die Ursachen und deren Wirkung hinterfragen,

✔ dass Sie nach passenden Lösungen suchen und so Ihre Ziel- und Ergebnisorientierung dokumentieren,

✔ dass Sie dabei alle anderen aktiv mit einbeziehen und damit Ihre Team- und Kooperationsfähigkeit beweisen.

Na, wie sieht's aus? Haben Sie nicht mal Lust, Ihre ganz persönliche Lösungsstrategie für die am Anfang gestellte Aufgabe zu erarbeiten? Auf geht's: Werden Sie aktiv! Mal sehen, was Ihnen alles einfällt!

Übung macht auch hier den Meister ...

Problemlösungsaufgaben

 Finden Sie die optimalen Lösungen für nachstehende Problemstellungen. Für die Ausarbeitung Ihres Lösungsvorschlags haben Sie zehn Minuten Zeit. Die Präsentation Ihres Vorschlags darf maximal fünf Minuten dauern.

Übung 1

Sie möchten in unserem Unternehmen die Eigenverantwortung der Mitarbeiter fördern. Überzeugen Sie die Geschäftsführung, die solchen Innovationen äußerst ablehnend gegenübersteht, mit einer guten Strategie.

Übung 2

Sie sind Schreinermeister und Inhaber einer kleinen Schreinerei. Eigentlich läuft Ihr Betrieb ganz gut, es könnte weitaus besser sein, nämlich mit der richtigen Werbung. Sie brauchen ein Logo und zwar ein wirkungsvolles. Ein Logo, das auf Ihrem Kleintransporter genauso ins Auge sticht wie auf Ihren Briefbögen. Entwerfen Sie skizzenhaft ein pfiffiges Logo und begründen Sie Ihren Entwurf.

Führerlose Gruppendiskussion

 Sie haben in der Gruppe 20 Minuten Zeit, Lösungsvorschläge zu erarbeiten. Für die Präsentation Ihrer Ausarbeitungen stehen Ihnen maximal zehn Minuten zur Verfügung.

Übung 1

Die asiatischen Staaten drängen immer intensiver in den Welthandel. Welche Chancen und Risiken sehen Sie in dieser Entwicklung für den deutschen Absatzmarkt?

Diskutieren Sie das Thema in Ihrer Gruppe. Es wird am Ende Ihrer Diskussion eine gemeinsame Stellungnahme erwartet.

Übung 2

Wie sinnvoll ist Ihrer Meinung nach die Integration von Hauptschule in Realschule?

Diskutieren Sie Pro und Kontra und formulieren Sie eine abschließende Empfehlung. Bestimmen Sie ein Gruppenmitglied, das am Ende Ihr Ergebnis vorstellt.

Teil IV

Der Top-Ten-Teil

»Ich habe hier eine Bewerbung für den
Meteorologen-Posten, wirklich sehr vielversprechend!«

In diesem Teil ...

Ein paar Kleinigkeiten gibt es noch, insbesondere ganz beliebte »Fettnäpfchen«, in die Sie nicht wirklich treten müssen. Wie Sie sich diese Peinlichkeiten ersparen können, zeigt Ihnen Kapitel 10. Kapitel 11 beweist Ihnen, dass Assessment-Center durchaus viel Spaß machen können. Let's start!

Die zehn wichtigsten Tipps für ein erfolgreiches Assessment-Center

In diesem Kapitel

✔ Achten Sie auf Ihr Äußeres

✔ Unterschätzen Sie Ihre innere Ausstrahlung nicht

✔ Sie brauchen eine gute Konstitution

Ob ein Assessment-Center gut oder schlecht läuft, hängt nicht allein vom Gesprächsinhalt ab. Wenn sich Menschen begegnen, entsteht eine Atmosphäre. Die kann angenehm sein, sodass sich jeder wohlfühlt.

Wo Menschen sich wohlfühlen, gehen sie entsprechend einfühlsam miteinander um und führen richtig gute Gespräche. Doch wie entsteht nun eine solch angenehme Atmosphäre?

Wie Du kommst gegangen, so wirst Du empfangen

Kann für die Kleiderauswahl entscheidend sein, wo Sie Ihr Assessment-Center absolvieren dürfen? Oh ja! In einem konservativen Unternehmen wie etwa einer Bank werden Sie sicher nicht im Blaumann erscheinen und bei einem Handwerksbetrieb nicht unbedingt im Boss-Anzug. Es ist also sehr wichtig, dass Sie wissen, wie »modern« Ihr künftiger Arbeitgeber ist.

> ### Gehören Sie zu denen, die jeden Modetrend mitmachen?
>
> Dann überlegen Sie genau, ob der gerade angesagte Minirock oder die Knickerbocker wirklich zu Ihrem Job passen. Nicht alles was trendy ist und Sie gerne tragen, kommt bei Ihrem neuen Arbeitgeber an – wichtiger als Ihre Wünsche sind die Erwartungen des Unternehmens! Daran orientieren Sie sich.

Achten Sie auch auf:

✔ Geputzte Schuhe, deren Absätze nicht abgelaufen sind

✔ Saubere und gefeilte Fingernägel

✔ Dezentes Parfüm beziehungsweise Aftershave

Der Kampf gegen Hektikflecken

Ätzend, nicht wahr! Was signalisieren diese Flecken auf Gesicht und Hals denn ganz deutlich? Sie sind aufgeregt! Ist doch klasse! Sie sind aufgeregt, weil Sie sich auf das Assessment-Center freuen, weil Sie neugierig sind, was nun alles auf Sie zukommt, und weil Sie auch ein bisschen die Sorge haben, Sie könnten sich irgendwie blamieren.

Wie gut, dass Sie diese Gefühle haben! So bleiben Sie nämlich wachsam und nehmen Ihr Umfeld und vor allem Ihren Gesprächspartner aufmerksam wahr. Freuen Sie sich, dass Ihr Körper in der Lage ist, Ihnen zu sagen: »Hey, Achtung, du bist aufgeregt! Nun pass mal auf, was jetzt kommt!« Sie leben! Akzeptieren Sie Ihre hektischen Flecken! Wegzaubern geht nicht.

Reden kann jeder ...

Tatsache ist, dass in jedem guten Assessment-Center der Bewerber den wesentlich höheren Redeanteil hat. Das ergibt sich automatisch durch die vielen verschiedenen Übungen, die zu absolvieren sind. Antworten Sie, wie Sie sind, natürlich und authentisch.

 Auf manche Fragen gibt es mehr, zu anderen eben weniger zu sagen. Wichtig ist, dass Sie wissen, was Sie sagen und dass Sie hinter Ihren Aussagen stehen.

... zuhören auch?

Was passiert, wenn ein Bewerber im Assessment-Center nicht richtig zuhört? Genau: Er gibt falsche und/oder unvollständige oder gar missverständliche Antworten und katapultiert sich damit selbst aus dem Rennen! Dass Sie Ihren Gesprächspartnern konzentriert zuhören, signalisieren Sie bereits durch Ihre Körpersprache, indem Sie mit dem Kopf nicken.

 Was machen Sie, wenn Sie Ihren Gesprächspartner nicht richtig verstanden haben und nicht wissen, worum es ihm gerade geht? Sie sagen ihm, dass Sie ihn gerade nicht richtig verstanden haben und bitten ihn, seine Aussage und/oder Frage nochmals zu wiederholen. Auf keinen Fall stellen Sie irgendeine Antwort in den Raum.

Richtiges und gutes Zuhören ist also die Voraussetzung für einen guten Dialog, in dem die Gesprächspartner miteinander und nicht aneinander vorbei reden.

Wenn die Wellenlänge nicht stimmt

Es gibt Assessment-Center, bei denen Sie sich einfach unwohl fühlen. Woran das liegt, können Sie oft gar nicht konkret beschreiben.

✔ Haben Sie das Gefühl, dass der andere Sie einfach nicht mag?

✔ Dass Sie völlig verschiedene Auffassungen vertreten, andere Einstellungen haben?

✔ Dass so gar keine Gemeinsamkeiten vorhanden sind?

Fakt ist, dass Sie miteinander nicht wirklich »warm« werden. Das bremst Sie als Bewerber ein bisschen aus, weil Sie sich wegen dieses merkwürdigen Gefühls im Assessment-Center nicht so offen zeigen und geben, wie Sie das sonst tun, wenn Sie sich bei und mit Ihren Gesprächspartnern gut aufgehoben fühlen. Das heißt aber noch lange nicht, dass dies kein gutes Assessment-Center wird.

Lassen Sie sich darauf ein

Nehmen Sie diese Situation so, wie sie ist und konzentrieren Sie sich auf das, was Ihre Gesprächspartner erzählen, und vor allem auf deren Fragen! Sie wissen doch, wie wichtig das ist!

Es kann schließlich unendlich viele Gründe für Ihr Unbehagen geben. Machen Sie sich also keinen Kopf, wenn Sie keinen erklärbaren Grund finden. Hauptsache, Sie sind mit sich selbst und dem, was Sie gesagt haben, zufrieden.

Verbindlichkeit – das Zauberwort schlechthin

Was heißt das überhaupt? Wie signalisieren Sie als Bewerber in Ihrem Assessment-Center Ihre Verbindlichkeit? Durch eine Kombination verschiedener Verhaltensweisen, die Sie zeigen:

✔ *Sie hören* Ihren Gesprächspartnern *aufmerksam zu*. Dadurch erkennen diese, dass sie für Sie wichtig sind.

✔ Sie fragen nach, wenn Sie Aussagen nicht verstehen. Sie zeigen damit, dass Sie sich mit den Aussagen anderer beschäftigen und diese verstehen wollen.

✔ Sie verlieren kein schlechtes Wort über Ihre alte Firma und Ihren derzeitigen Job. Sie sind also keine Tratschtante. Damit wird klar, dass Sie ein *loyaler* Mitarbeiter sind.

✔ Sie sind pünktlich, ordentlich gekleidet und gut vorbereitet zu Ihrem Assessment-Center erschienen. Das liegt daran, dass Sie mit Terminen *verantwortungsbewusst* umgehen.

 Machen Sie sich noch mal in aller Ruhe klar, wie Sie sich in Ihrem Assessment-Center verhalten. Mit Sicherheit erkennen Sie noch viel mehr Verhaltensweisen und Eigenschaften, die Sie haben und zeigen, um Ihre Verbindlichkeit zu signalisieren.

Konzentration ist trainierbar

Ihr Konzentrationsvermögen zu trainieren ist zwar nicht ganz leicht, aber lernbar. Fangen Sie langsam an und steigern Sie Ihr Pensum von Tag zu Tag:

Holen Sie sich zuerst alle Aufgaben, die Sie in Ihrem Assessment-Center erwarten können: Postkorbübungen, Übungen zur mündlichen Kommunikation, Rollenspiele, Problemlösungsaufgaben. Sortieren Sie die Unterlagen auf Ihrem Tisch, und dann erst fangen Sie mit dem Üben an.

✔ Nehmen Sie sich ein Glas Mineralwasser mit an den Tisch und sorgen Sie dafür, dass Sie nicht gestört werden. Verzichten Sie am Anfang auf eine Stoppuhr. Diese können Sie einsetzen, wenn Sie fit sind, um zu testen, wie konzentriert Sie auch unter Zeitdruck arbeiten können.

✔ Fangen Sie mit einfachen Übungen an. Wenn Sie mit der ersten Übung fertig sind, machen Sie eine kurze Pause. Fünf Minuten sind am Anfang völlig okay. Dann kommt die nächste Übung. Fünf-Minuten-Pause. Weiter geht's.

Wichtig ist, dass Sie das Ziel erreichen, 60 Minuten lang Übungen zu absolvieren und zum Übungswechsel nur eine Minute Pause zu brauchen. Ihre Konzentrationsfähigkeit ist dann bereits so gut, dass Sie vollkommen entspannt in Ihr Assessment-Center gehen können!

Ausdauer – nur wichtig für Sportler?

Sie brauchen für Ihr Assessment-Center eine gute Ausdauer und die erarbeiten Sie sich mit Ihren vielen Übungen, den Postkorbübungen, Übungen zur mündlichen Kommunikation, Problemlösungsaufgaben, Rollenspielen und und und. Je länger Sie konzentriert Ihre Aufgaben abarbeiten können, desto mehr nimmt auch Ihre Ausdauer zu.

Ausdauer heißt aber auch …

Indem Sie Ihre Ausdauer beweisen, beweisen Sie noch einige andere wertvolle Eigenschaften einer starken Persönlichkeit:

✔ Dass Sie Biss zeigen, am Ball bleiben, insbesondere wenn schwierige Themen auftauchen

✔ Dass Sie auch Niederlagen einstecken können und trotzdem weitermachen

✔ Dass Sie sich Gedanken machen, woran Sie gescheitert sind und was Sie in Zukunft besser machen können

Ausdauer ist somit auch eng verknüpft mit Energie und Kraft, die Sie aufbringen, um zum gewünschten Ziel zu kommen. Und dass Sie Ausdauer haben, beweist schon alleine die Tatsache, mit welcher Energie Sie sich durch dieses Buch arbeiten. Weiter so!

In der Ruhe liegt die Kraft

Das sagt sich so einfach. Wie sollen Sie denn die Ruhe bewahren, wenn Sie aufgeregt und nervös sind? Keine Sorge, Sie schaffen das. Es ist gar nicht so schwer!

Atmen Sie erst mal tief durch! Noch mal. Und noch zwei Mal. Gut so. Wenn Sie tief ein- und ausatmen, konzentrieren Sie sich auf Ihre Atmung und damit schon nicht mehr so intensiv auf Ihre Nervosität.

Könnte jetzt irgendetwas kommen, was Sie völlig überraschen könnte? Irgendwelche Fragen vielleicht, schwierige Übungen?

Klar könnten die kommen. Aber Sie wissen doch gar nicht, ob der Fall tatsächlich eintritt! Machen Sie sich immer Gedanken über Dinge, die vielleicht möglicherweise eventuell irgendwann mal passieren können? Das ist doch viel zu anstrengend. Versuchen Sie, damit aufzuhören. Schließlich haben Sie sich intensiv auf Ihr Assessment-Center vorbereitet und kennen alle potenziellen Übungen.

Auf Wiedersehen

 In Ihrem Assessment-Center begegnen Sie zum ersten Mal Ihrem potenziellen neuen Arbeitgeber. Da wollen Sie doch bis zum letzten Atemzug einen guten, nein, einen sehr guten Eindruck hinterlassen.

✔ Lassen Sie Ihren Gesprächspartnern den Vortritt und warten Sie, bis diese die Verabschiedung einleiten. Das ist einfach ein Gebot der Höflichkeit.

✔ Ergreifen Sie die Ihnen entgegengestreckte Hand und vergessen Sie nicht, sich für das Assessment-Center zu bedanken.

✔ Und jetzt erst kommt »Auf Wiedersehen«. Schließlich haben Sie ja die Hoffnung auf eine Zusage, und damit hoffen Sie auch, Ihre Gesprächspartner wiedersehen zu dürfen.

Mit Ihrer freundlichen Verabschiedung haben Sie zum Abschluss auch einen entsprechend freundlichen Eindruck hinterlassen. Ist doch schön!

In diesem Kapitel
- ✔ Es kann nicht immer nur gut laufen
- ✔ Assessment-Center haben viele Gesichter
- ✔ Sie lernen sogar neue Seiten an sich selbst kennen

Könnten Sie sich vorstellen, so richtig entspannt in Ihr Assessment-Center zu gehen? Nicht wirklich. Dann denken Sie noch mal über diese Frage nach, wenn Sie dieses Kapitel gelesen haben. Ihre Antwort sieht garantiert anders aus.

Durch Absagen enttäuscht, na und?

Es ist schon bitter, wenn Sie ein Assessment-Center absolvieren und dann eine Absage bekommen. Womöglich noch in dem Tenor:

> *»Leider müssen wir Ihnen mitteilen, dass wir uns für einen anderen Bewerber entschieden haben. Wir wünschen Ihnen weiterhin viel Erfolg. Mit freundlichen Grüßen«*

Absage einerseits – Erfolgswunsch andererseits. Das hilft auch nicht weiter. Woran hat es denn nun gelegen?

 Warum greifen Sie nicht zum Telefonhörer und fragen ganz einfach bei der Firma nach? Bitten Sie freundlich, dass man Ihnen erklärt, warum Sie den Job nicht kriegen. Klar können Sie sagen, dass Sie enttäuscht sind. Machen Sie aber deutlich, dass Sie hauptsächlich daran interessiert sind, bei dem nächsten Assessment-Center nicht in genau die gleichen Fettnäpfchen zu treten.

Sie lernen also aus dieser Absage, was Sie besser machen können. Davon können Sie das nächste Mal nur profitieren.

Auch gegen Frust ist so manches Kraut gewachsen!

Das Gefühl kennen Sie sicher auch richtig gut: Frust! Es hagelt eine Absage nach der anderen. Ihre Motivation ist definitiv am Nullpunkt. Wozu noch vorbereiten, sich Arbeit machen?

Das Hilfsmittel schlechthin: eine Checkliste

Wie wäre es, wenn Sie sich erst mal einen Überblick verschaffen, was Sie tatsächlich besser machen können: Sind Sie am Computer fit? Dann machen Sie sich jetzt eine Checkliste in Form einer Tabelle mit vier Spalten. Natürlich geht das auch ebenso gut handschriftlich.

1. **Spalte:** Gründe für die Absage

2. **Spalte:** Was kann ich das nächste Mal besser machen (meine Idee)?

3. **Spalte:** Hat meine Idee funktioniert?

4. **Spalte:** Kann ich noch etwas anderes ausprobieren (neue Idee)?

Das wichtigste Hilfsmittel gegen Ihren Frust sind die Kreativität und die Ideen, die Sie entwickeln, wenn Sie die Gründe für die Absagen analysieren und überlegen, was Sie besser machen können. Wenn Ihre erste Idee nicht gleich fruchtet, überdenken Sie sie noch mal. Was fällt Ihnen anderes ein? Probieren Sie es beim nächsten Mal aus.

 Halten Sie fest, welche Ihrer Einfälle Ihnen weitergeholfen haben und welche nicht. So entwickeln Sie selbst Ihren persönlichen Kreativitätskatalog. Aus Ihrem Frust entstehen neue Ideen! Genial!

Sie sind einzigartig!

Sie sind einmalig auf dieser Welt, zum einen als Persönlichkeit mit all Ihren Gefühlen, Verhaltensweisen und Ihrer persönlichen Einstellung, zum anderen durch Ihr Wissen, Ihren Beruf und all die Feinheiten, die Sie rund um Ihren Beruf beherrschen.

 Warum ist das für Ihre Assessment-Center so wichtig? Damit Ihnen bewusst wird, dass Sie einem neuen Unternehmen ein einzigartiges Angebot machen: sich selbst! Sie haben eine Menge in sich investiert: Ihre Ausbildung, eventuell ein Studium, Ihre Berufserfahrung und Ihre Zusatzqualifikationen.

Ihr Arbeitgeber kauft sich also keinen Mitarbeiter ein, der sich, hat er erst mal den Job, gemütlich darauf ausruht und an jedem 1. oder 15. des Monats sein Gehalt bekommt. Sie *verdienen* Ihr Geld! Sie leisten dafür auch eine ganze Menge, Tag für Tag.

Assessment-Center bilden

Sie müssen sich bei jedem Assessment-Center neuen Herausforderungen stellen und sich anpassen, denn jedes Unternehmen hat seine eigene Unternehmenskultur. Sie befassen sich mit den Unternehmen und ihren Besonderheiten, weil Sie über Ihren künftigen Arbeitgeber Bescheid wissen wollen und außerdem im Assessment-Center Ihr Interesse an der Firma zeigen wollen. Sie lernen also bereits hier eine ganze Menge über die verschiedenen Firmen.

Und was ist mit den Tests? Hier werden Sie doch permanent mit den unterschiedlichsten Situationen konfrontiert. Sie müssen selbstständig Aufgaben lösen, kreativ und einfallsreich sein. Sie bekommen aber auch Lösungswege von anderen gezeigt. Vielleicht ist so manche »andere« Idee gar nicht mal so schlecht. Im Gegenteil: Sie bekommen sogar einige gute Anregungen für das nächste Assessment-Center.

Sie lernen also immer wieder Neues kennen und das nur, weil Sie zu einem Assessment-Center eingeladen sind. Das ist doch klasse!

Assessment-Center als Schule der Kommunikation

Sie sitzen immer wieder neuen Gesprächspartnern gegenüber, auf die Sie sich einstellen müssen. Sie stellen sich permanent auf neue Übungen und Fragen ein, und Ihre Antworten und Lösungswege sehen nahezu jedes Mal anders aus. Klar, weil Ihre Gesprächspartner unterschiedliche Erwartungen an Sie haben. Sie lernen also, verbal auf die Bedürfnisse und Wünsche anderer einzugehen.

Neben der verbalen schulen Sie aber auch Ihre nonverbale Kommunikation. Achten Sie einmal auf die Verhaltensweisen anderer Assement-Center-Teilnehmer: Signalisiert deren Körperhaltung, dass sie Ihnen gegenüber offen sind? Oder wirken die anderen mehr zurückhaltend? Sogar ablehnend?

Urteilen Sie nicht zu schnell

Das sind jetzt gerade Ihre persönlichen Empfindungen! Es muss nicht sein, dass einer, der auf Sie ablehnend wirkt, nicht ein vollkommen offenes Ohr für Sie hat. Sie lernen also nicht nur, Ihre eigene Körpersprache deutlich wahrzunehmen, sondern auch die der anderen zu beurteilen.

Assessment-Center fördern logisches Denken

Logik kommt aus dem Griechischen und heißt nichts anderes als *folgerichtiges Denken*. Assessment-Center fördern also Ihre Fähigkeit, folgerichtig zu denken.

Für Ihr Assessment-Center bereiten Sie sich intensiv vor, damit Sie eine Vorstellung davon haben, was Sie alles erwartet. Sie kennen den Ablauf eines Assessment-Centers, befassen sich mit den Fragen, die Ihnen gestellt werden können, überlegen sich, was Sie anziehen und wie Sie sich präsentieren. Folglich sind die Aussichten, dass Sie ein gutes Assessment-Center absolvieren, sehr gut.

Dann kommen die verschiedenen Testverfahren. Einzel- und Gruppenübungen. Dafür üben Sie mit unterschiedlichen Aufgaben. Sie lernen, sich auf völlig verschiedene Aufgaben und Situationen flexibel einzustellen und für Probleme die richtigen Lösungen zu finden. So bauen Sie Ihre Übungs- und Vorbereitungsphase logisch auf.

Sie können ruhig und entspannt in ein Assessment-Center gehen, weil Sie sich sehr gut vorbereitet haben. Mit Überraschungen müssen Sie zwar immer mal wieder rechnen, aber selbst auf die können Sie neugierig sein.

Wie Assessment-Center flexibel machen

 Sie werden immer wieder mit fremden Menschen und unterschiedlichen Aufgaben konfrontiert. Und was machen Sie? Sie passen sich der neuen Situation an und machen das Beste daraus. Sie sind flexibel, also anpassungsfähig.

Hinzu kommt, dass Sie bei dem ganzen »Drumherum« auch ständig mit neuen Situationen konfrontiert werden und flexibel reagieren müssen. Wie kann das aussehen?

Nehmen wir an:

✔ Sie sind pünktlich am Bahnhof und erfahren kurzfristig, dass heute gestreikt wird und Ihr Zug nicht fährt. Sie werden auf schnellstem Wege ein Auto organisieren, um nicht zu spät zu Ihrem Assessment-Center zu kommen!

✔ Sie sind frühzeitig vor Ort und gönnen sich noch ein zweites Frühstück. Wie ärgerlich, dass Sie sich dabei Ihr schönes Hemd verkleckert haben! Das macht gleich keinen guten Eindruck bei Ihrem Assessment-Center … Oder haben Sie womöglich ein zweites, sauberes Hemd in Ihrer Tasche?

Situationen, die durchaus passieren können. Und wie reagieren Sie? Sie versuchen, schnell die passende Lösung zu finden. Eine bessere Schule für Ihre Flexibilität gibt's nicht.

Betriebsblindheit hat keine Chance

Wieso nicht? Nun, weil Ihr Assessment-Center vor der Tür steht. Sie befassen sich mit der Unternehmenskultur verschiedener Unternehmen. Lesen erst mal, was die so alles machen. Und Sie erkennen plötzlich, dass jede Unternehmenskultur anders ist. Ist die eine besser als die andere? Nun, das können Sie nicht so einfach sagen.

Während des Assessment-Centers wird Ihnen das Unternehmen und Ihr möglicher neuer Job vorgestellt. Sie haben die Chance, Fragen zu stellen. Worauf warten Sie? Fragen Sie alles, was Sie rund um den Job interessiert. Warum was wie gemacht wird. Welchen Erfolg diese Vorgehensweise den Unternehmen bringt. Sind die Antworten interessant? Bringen Sie Ihnen neue Erkenntnisse? Oder klingt Ihnen das alles zu theoretisch?

Wie auch immer. Sie werden auf alle Fälle über die Antworten nachdenken und die verschiedenen Arbeitsweisen reflektieren. Und genau damit verhindern Sie, dass Sie betriebsblind werden!

Ich will wissen, was ich wert bin – Assessment-Center als Selbsttest

Reizt es Sie, wenigstens ab und an mal Ihren »Marktwert« zu testen? Auch wenn Sie mit Ihrem Job ganz zufrieden sind und die Bezahlung okay ist, wäre es doch schön zu wissen, welche Anforderungen andere Unternehmen an diesen Job haben und was die dafür zahlen.

Immerhin besteht die Möglichkeit, dass Sie für den gleichen Job woanders mehr Geld bekommen. Und womöglich würde diese andere Firma Sie sogar mit Handkuss nehmen! Oder Sie bekämen dort das gleiche Geld für einen viel interessanteren Job! Für einen Job, der Ihnen mehr Spaß machen würde. Finden Sie es doch heraus. Ihr Assessment-Center hilft Ihnen dabei.

 Sie können locker und gelöst in Ihrem Assessment-Center antreten. Geht's schief, haben Sie die Erfahrung gewonnen, was im Bewerbungsverfahren auf Sie zukommen kann. Läuft's perfekt, kommen Sie womöglich ins Finale, und Ihnen wird ein neuer Job angeboten! Und selbst jetzt haben Sie die Wahl: Wenn Ihnen das Angebot gefällt, greifen Sie zu, und ansonsten können Sie es lächelnd ablehnen.

Diese Möglichkeiten haben Sie definitiv nicht, wenn Sie gezwungen sind, einen neuen Job zu finden. Und außerdem können Sie so ganz entspannt für den Ernstfall üben.

Assessment-Center machen Spaß!

Warum? Weil Sie so viel Neues über sich selbst lernen:

✔ Sie müssen Ihren Lebenslauf in- und auswendig kennen. Das ist schon Arbeit, sich die vielen einzelnen Stationen im eigenen Leben vor Augen zu führen. Und dann noch in der richtigen Reihenfolge. Wenn Sie alle diese Lebensstationen schriftlich festhalten, erinnern Sie sich auch daran, was Ihnen bereits Spaß gemacht hat, womöglich noch immer Freude bereitet oder mal wieder Spaß machen würde.

✔ Assessment-Center bringen doch jedes Mal Überraschungen: Sie lernen immer wieder neue Menschen kennen, schulen Ihre Kommunikationsfähigkeit und Ihre Flexibilität. Womöglich haben Sie auch Gesprächspartner, mit denen Sie herzlich lachen können!

✔ Die verschiedenen Tests im Assessment-Center sind die pure Herausforderung. Ständig neue Übungen, mal leicht, mal zum Zähne Ausbeißen, permanent neue Partner an Ihrer Seite, mit denen Sie gemeinsam Lösungen erarbeiten. Manche sind Ihnen mit Sicherheit sehr sympathisch. Vielleicht begegnen sie Ihnen ja irgendwo anders mal wieder, oder es entwickeln sich sogar echte Freundschaften. Das macht auf alle Fälle Spaß!

Das Assessment-Center kann auch anders ablaufen …

Was die einzelnen Bausteine des Assessment-Centers angeht, so sind die alles andere als starr! Jedes Assessment-Center kann anders ablaufen. Und gerade diese Variations-möglichkeiten machen Assessment-Center erst so richtig spannend! Wäre doch schrecklich, wenn es Ihnen langweilig würde, oder?

Und so können diese Variationen zum Beispiel aussehen:

✔ Gestartet wird mit der *Vorstellungsrunde*. Hier kann es durchaus passieren, dass Sie nicht sich selbst präsentieren dürfen, sondern als geduldiger aufmerksamer Zuhörer gefragt sind. Ein Unternehmensvertreter stellt Ihnen die Firma mit Produktpalette und der zu vergebenden Position vor. Anschließend dürfen Sie Fragen stellen. Aus Ihren Fragen schließen die Beobachter bereits auf Ihr Interesse und Ihre Motivation. Was ist also wieder wichtig? Na? Richtig: deutlich und mit Nachdruck Ihr Interesse an und rund um den Job zu bekunden!

✔ Dann können eine *Postkorbübung, Gruppendiskussionen* oder *Rollenspiele* folgen. Diese Übungen kennen Sie ja nun bereits bestens. Was wird mit ihnen bezweckt? Genau: Die Beobachter wollen herausfinden, wie Sie mit Zeitdruck und unterschiedlichen Situationen klarkommen. Beweisen Sie, dass Sie schnell und überlegt Entscheidungen treffen, delegieren, organisieren und analytisch denken können!

✔ Es kann auch mal eine *schriftliche Einzelübung* gefragt sein. Meist wird von Ihnen verlangt, dass Sie ein Konzept entwerfen, um eine schwierige Unternehmenssituation in den Griff zu kriegen. Hier zeigt sich, ob Sie mit komplizierten wirtschaftlichen Problemstellungen systematisch und lösungsorientiert umgehen können.

✔ Übungen wie *Präsentationen* oder *Kurzvorträge* sind ebenfalls recht beliebt. Sie bekommen die Aufgabe, nach kurzer Vorbereitungszeit über ein bestimmtes Thema einen fünfminütigen Vortrag zu halten. Hier wird gecheckt, wie gut Sie die Inhalte präsentieren, wie gut Sie mit Rhetorik und Überzeugungskraft das Thema anschaulich rüberbringen. Für Sie kein Problem.

✔ Zum Abschluss des Assessment-Centers kann noch eine gemeinsame *gesellige Runde* folgen. Ein gemeinsames Essen, bei dem der Nachmittag oder Abend gemütlich ausklingen wird. Ihr gesellschaftliches Auftreten und Ihre Manieren werden so auf Herz und Nieren geprüft! Bleiben Sie deshalb weiterhin konzentriert und wachsam.

Sie merken: Ein Assessment-Center ist immer eine spannende Sache! Viel Spaß dabei!

Stichwortverzeichnis

SOFT SKILLS KOMPAKT – DIE »POCKETBÜCHER FÜR DUMMIES«

Besser präsentieren für Dummies
ISBN 978-3-527-70569-6

Der erfolgreiche Verkaufsabschluss
für Dummies
ISBN 978-3-527-70463-7

Gute Teamarbeit für Dummies
ISBN 978-3-527-70462-0

Körpersprache im Beruf
für Dummies
ISBN 978-3-527-70567-2

NLP-Grundlagen für Dummies
ISBN 978-3-527-70456-9

Organisiert am Arbeitsplatz
für Dummies
ISBN 978-3-527-560-3

Professionell telefonieren
für Dummies
ISBN 978-3-527-70571-9

Rhetorik für Dummies
ISBN 978-3-527-70561-0

Schlagfertigkeit für Dummies
ISBN 978-3-527-70553-5

Verhandlungstipps für Dummies
ISBN 978-3-527-70459-0

Zeitmanagement für Dummies
ISBN 978-3-527-70454-5